見えにくい、読みにくい「困った！」を解決するデザイン

改訂版

間嶋 沙知 著

本書のサポートサイト

本書の補足情報、訂正情報などを掲載してあります。
適宜ご参照ください。

https://book.mynavi.jp/supportsite/detail/9784839987503.html

はじめに

SNSやインターネットの発達により、わたしたちが日常的に接する情報量は爆発的に増えました。便利なツールやサービスが普及することで、デザイナーであるかどうかを問わず、情報発信のデザインに携わる機会が増えています。その中で、情報が受け取れなくて困っている人、伝えたいことが伝わらなくて困っている人がいます。本書では、そんな情報伝達にまつわるみんなの「困った！」を「こうしよう！」に変えるヒントをお伝えします。

誰かの「困った！」は改善のヒントであり、可能性の伸びしろでもあります。情報を受け取るさまざまな人や状況を知ることから、より良く伝わるデザインは生まれます。ユニバーサルデザインやアクセシビリティの観点は、あなたの発信する情報やデザインをより多くの人に届けるための力になってくれます。

デザインに絶対の正解はありません。どんなに考え尽くしても、残念ながら世界中すべての人に100％伝わるデザインは存在しません。だからこそ「0か100か」ではなく、改善や工夫を重ねながら伝わる人や度合いを高めていく考え方が大切です。本書で紹介するのは特別なデザインではなく、目の前のデザインの延長線上にあるものです。

これからデザインを学び始める方にも、すでにキャリアのある方にも、デザインの視点を増やす味方として本書を役立てていただければ嬉しいです。

改定版にあたり

本書は、2022年11月に発行された『見えにくい、読みにくい「困った！」を解決するデザイン』の改訂版です。初版から約2年が経過し、アクセシビリティへの関心がますます高まっていることを実感しています。何から始めれば良いか迷っている人や、ハードルが高く感じている人にも、すぐに取り入れられそうなヒントを多く盛り込みました。

本書が読者のみなさんの背中を押す存在になれば幸いです。

2024年9月
間嶋 沙知

本書の使い方

Chapter 1 では、多様性を受け入れる「みんなのデザイン」について学びます。Chapter 2〜6 では、よくある「困った！」を31のパターンに分類し、改善方法を解説しています。

それぞれのパターンは次のセットで構成されます。

❶ ○○で困った！	困りごとを一言で表すタイトルがついています。
❷ ここが困った！（改善前）	だれが・いつ・どんなとき・どうして・どのように困るのかを解説しています。原因を知ることで問題を発見する視点が身につきます。
❸ こうしよう！（改善後）	改善のポイントを応用しやすいように解説しています。1つの困りごとに対して、複数の解決策がある場合もあります。

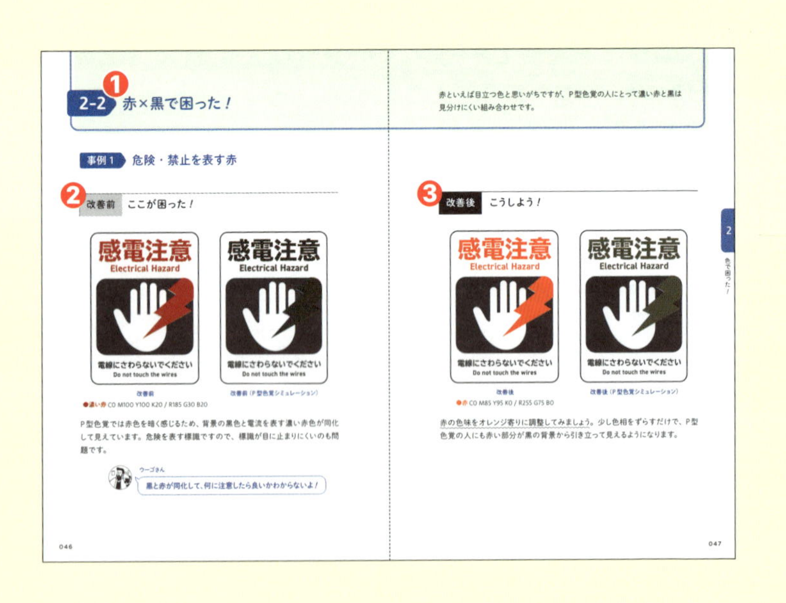

読み方

はじめから読む

Chapter 2～6 の各章の冒頭には、色、文字、言葉、図解、UI（ユーザーインターフェイス）の基礎知識をまとめています。

- 順を追って読み進めることで、デザインを構成する要素の知識を深め、「困った！」を未然に防げます。
- より多くの人に届けるデザインのヒント集としても活用できます。

興味のあるところから読む

いま直面している困りごとに当てはまるパターンを読むことで解決のアイデアが得られます。制作中のデザインに関わるページをチェックするのも良いでしょう。

6人の登場人物ごとの「困った！」リスト（026 ページ参照）も用意しました。

参加しながら読む

身の回りの「困った！」を解決するデザインを見つけたとき、良い改善案が思い浮かんだときには「#困ったを解決するデザイン」のハッシュタグをつけてSNSに投稿してみてください。

ウーゴさん

一緒に考えよう

福吉さん

答えはひとつじゃないよ

特設サイト

本書の最新情報や関連リンクをまとめた特設サイトを公開しています。本書と合わせて「困った！」の解決にお役立てください。

https://komatta-design.studio.site/

目次

Chapter 1

みんなのデザイン

この章では「困った！」が生まれる原因や、みんなのためのデザインが求められる背景について解説します。目の前のデザインの向こう側には、さまざまな人がいます。まずは知ることから始めてみましょう。

1-1 困った！はなぜ生まれる？

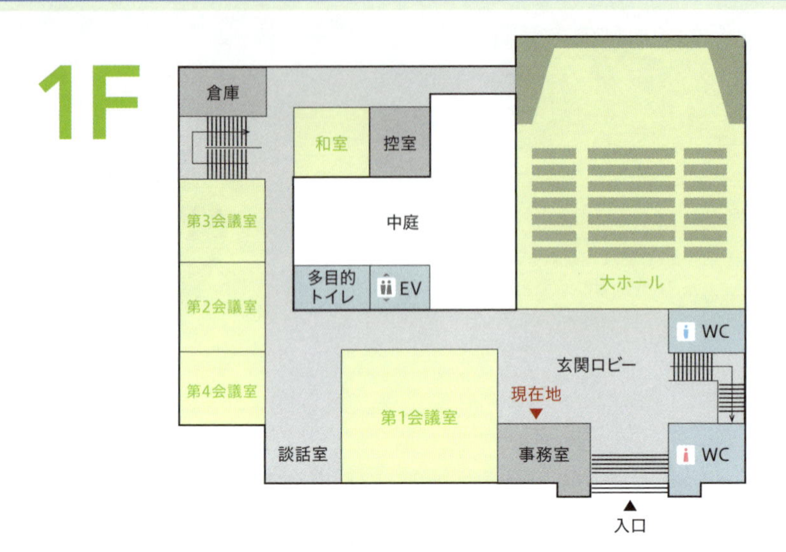

ある人が案内図の前で困っています。何が原因でしょうか？

- 現在地が見つけにくい
- 男子トイレと女子トイレが見分けにくい
- 文字の色が見えにくい
- 見慣れない言葉で書いてある

あるいは、その人の視力に問題がある、案内図のある場所の照明が暗すぎるといった原因も考えられます。

このように「困った！」が生まれる背景には、受け手側の問題だけではなく、状況や環境による要因が合わさっています。

例えば、目の前に5mの高い壁があるとします。何の道具も使わずに壁を越えられる人はほとんどいないでしょう。では、高さ50cmの壁ならどうでしょうか。大人の膝上ぐらいの高さなら、自力で壁を越えられる人は増えます。

しかし、こどもやお年寄り、怪我をしている人、赤ちゃんを抱いている人、身体に不自由のある人は、50cmの高さでも壁を越えるのが難しいかもしれません。

この例で注目したい点は3つあります。

- 変化したのは人ではなく壁です。壁のデザイン次第で、できることとできないことは変化します。壁に通路があったり、スロープがついていたりすれば、より多くの人が壁の向こう側に行けるでしょう。
- 障害のある人だけでなく、状況や年齢によっても壁を越えられないことがあります。今は軽々と壁を越えられる人も、病気になったり酔っぱらったり、50年後にも同じように身体が動くとは限りません。一緒に行きたい人が越えられない壁があれば、諦めて別の場所を探す人もいるでしょう。
- どんなに壁の向こう側が素晴らしい場所でも、たどり着く手段がなければ存在しないに等しいといえます。

デザインは「困った！」の原因にも解決策にもなる可能性があります。ちょっとした差で、壁を高くすることも通路を作ることもできるのです。

このように、社会の側にある壁（**社会的障壁**）によって困りごとが生まれるという考え方を、**障害の社会モデル**といいます。社会モデルの考え方に立てば、壁が取り除かれることで恩恵を受けるのは障害のある人だけではありません。

知ることから始めよう

チラシ、パッケージ、オフィス文書、SNS、ウェブ……どんなデザインにも、それを受け取る人がいます。情報発信やデザインをするとき、誰かを意図的に排除しようと考える人はいないでしょう。できるだけ広く、多くの人に届けたいと考えているはずです。しかし、理想的な受け手や状況のみを想定していると、思わぬ壁を生み出してしまうことがあります。

かつての「作れば売れる」の時代では、「都会に住む健康な成人男性」や「両親とこども2人で持ち家に暮らす家庭」など、理想的な顧客像のみをイメージして製品を開発する傾向にありました。しかし現在の成熟市場では、より現実的な顧客像を描いてマーケティングやデザインを行う必要があります。

グローバル化や高齢化、オンライン化が進む今日では、理想的な利用者像に収まらない多様な人々が、デザインの受け手になっています。まずはそうした、さまざまな人や状況について知ることから始めましょう。彼らはどんなことに困っているのでしょうか。視野を広げ、困りごとに気づくことで、壁を取り除くためのヒントが見つかります。

誰かの困りごとは改善のヒント

誰かの困りごとの解決は、未来のわたしたちを含めたみんなに利益をもたらします。

人の抱える障害には、永続的なものと一時的なもの、状況によるものがあります。「マイクロソフトのペルソナ・スペクトラム」では、これらの障害を連続体（スペクトラム）として捉え、永続的な障害のある人のためにデザインすれば、怪我や病気など一時的な困難や、状況による困難を抱える人にも価値のあるものになることを示しています。

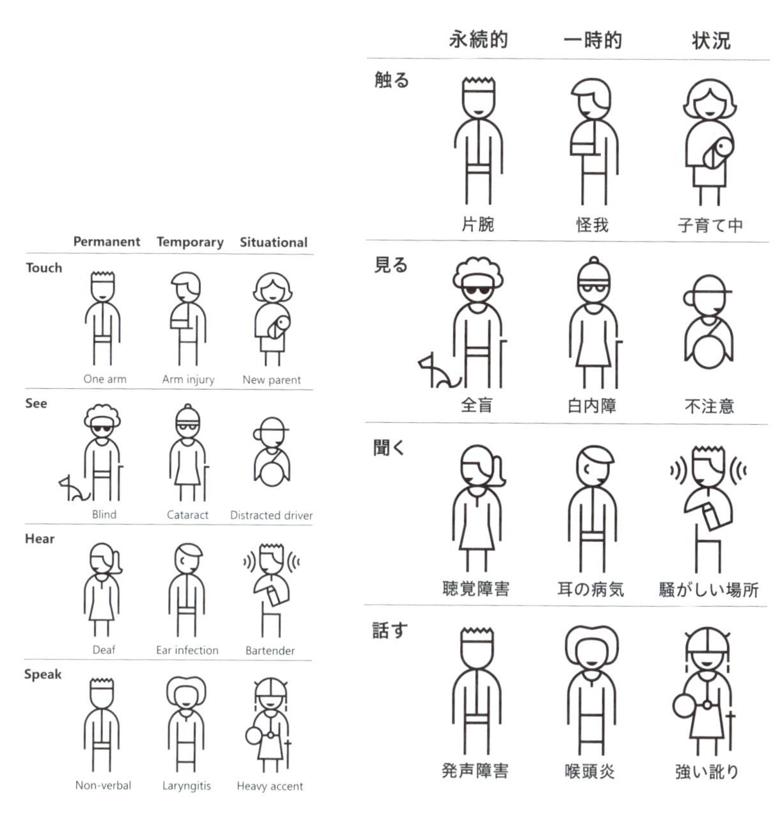

出典：「マイクロソフトのペルソナ・スペクトラム」（左）、著者による意訳（右）
https://inclusive.microsoft.design/

また、年齢を重ねるにつれて、能力や心身の機能は変化します。「障害者」とそうでない人とは明確に切り分けられるものではなく、誰もが同じような困りごとを抱える、ペルソナ・スペクトラムの当事者といえるでしょう。

例えば、目が見えにくい人にとって見やすくデザインされた標識は、加齢により視力が低下している人、急いでいる人、メガネを忘れた人にも読みやすくなります。誰かの「困った！」には、目の前のデザインを改善し、より良くするためのヒントが詰まっています。

1-2 みんなのためのデザイン

多様性（ダイバーシティ）という言葉を聞いたことがある方も多いでしょう。国籍、ジェンダー、年齢、文化、障害、宗教など、さまざまな属性をもつ人が存在することを示唆した言葉です。

2021年夏、東京オリンピック・パラリンピックが開催されました。これを機に、交通機関や公共施設、宿泊観光など、各分野で多様性に対応するデザインが進みました。

会場となった国立競技場では、車椅子用の観客席が500席設けられました。席に高低差をつけることで、車椅子の利用者と健常者が同じ目線で競技を楽しめるように設計されています。段差の少ない道は車椅子の利用者だけでなく、ベビーカーやキャリーケースを使う人の助けにもなりました。

高齢化が進む時代におけるデザイン

日本国内の高齢化率（65歳以上の人口の割合）は、2060年には37.9%まで上昇し、2.6人に1人が65歳以上になると推計されています。

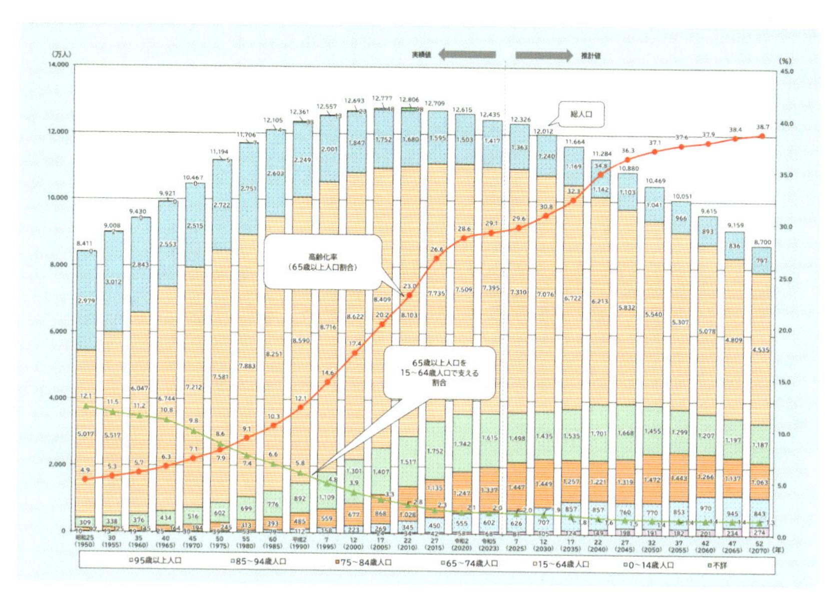

出典：「令和6年版高齢社会白書」図1−1−2 高齢化の推移と将来推計（内閣府）
https://www8.cao.go.jp/kourei/whitepaper/w-2024/zenbun/06pdf_index.html

高齢化の急速な進展は日本だけの話ではありません。1950年時点では5.1%だった世界の総人口における高齢化率は、2060年には18.7%にまで上昇する見通しです。

このように、地球上のすべての国で高齢化が進展する見通しです。人は誰でも加齢によって心身が衰えていきます。その変化は人それぞれです。目が見えにくくなる人もいれば、耳が遠くなる人、記憶力が低下する人、四肢に不自由が生じる人、あるいはそれらの組み合わせなど多岐にわたります。

高齢化の時代には、加齢によって心身に不自由をかかえる人々が社会の中で大きな比重を占めることになります。障害の有無に関わらずに誰もが利用できるデザインは、これからの社会でますます需要が高まるでしょう。

バリアフリーとユニバーサルデザイン

障害者や高齢者を含めた「みんなのためのデザイン」としてよく知られるのが、バリアフリーやユニバーサルデザインでしょう。この二つの言葉は、日本ではあまり区別なく、しばしば混同されて使われています。しかし、その考え方は少し異なっています。

バリアフリーのほうが古くからある考え方で、1970年代に住宅建築用語として生まれました。障害者や高齢者が生活するうえでの障壁（バリア）を取り除く、あるいは専用の補助を加えて対応する考え方です。

これに対し、**ユニバーサルデザイン**は障害者や高齢者だけでなく、すべての人を対象にしています。はじめから障壁を作らないように設計し、できるだけ多くの人が利用できるようにする考え方です。1980年代にアメリカの建築家であり、車椅子利用者でもあったロナルド・メイス博士らが提唱しました。

	対象者	考え方
バリアフリー	障害者 高齢者など	対象者の社会参加を困難にしている 現存の障壁を取り除く
ユニバーサルデザイン	すべての人	できるだけ多くの人が利用できるよう あらかじめ設計する

階段を例に考えてみましょう。

階段に車椅子昇降機を取り付けることでバリアフリーにできます。ただし、車椅子専用のため、ベビーカーを押している人は使えません。また、こうした専用の補助を利用することに負い目を感じる人や、「特別扱いの障害者」への視線に傷つく人もいます。

階段に設置した車椅子昇降機

エレベーターやスロープなら、車椅子の人もベビーカーの人も利用できます。普段は階段を登る人も、重い荷物を運ぶときにラクに移動できます。さまざまな状況の人が同じものを使えて、利用者全体にとってメリットがあるのがユニバーサルデザインの特徴です。あらかじめさまざまな人が使えるように設計することで、利用できる人や状況を最大化できます。

誰もが移動しやすいゆるやかなスロープ

ユニバーサルデザインの7原則

ユニバーサルデザインには、次の7つの原則があります。この原則は、より多くの人が利用できるデザインを目指すための指針となるものです。

1. **Equitable Use**（誰もが公平に利用できる）
2. **Flexibility in Use**（柔軟な使い方ができる）
3. **Simple and Intuitive Use**（使い方が簡単で直感的である）
4. **Perceptible Information**（必要な情報が知覚できる）
5. **Tolerance for Error**（ミスに寛容である）
6. **Low Physical Effort**（身体的な負担が少ない）
7. **Size and Space for Approach and Use**（使いやすい大きさや空間を確保する）

出典：Universal Design Principles（日本語は著者による訳出）
https://www.udinstitute.org/principles

例えば、シャンプーの容器にある凸凹のきざみは、触るだけでリンスとの区別ができるようになっています（3. Simple and Intuitive Use, 4. Perceptible Information）。視覚に障害のある人だけでなく、目を閉じて髪を洗っているときや、ボトルに書いてある文字が読めない場合にも役立ちます。

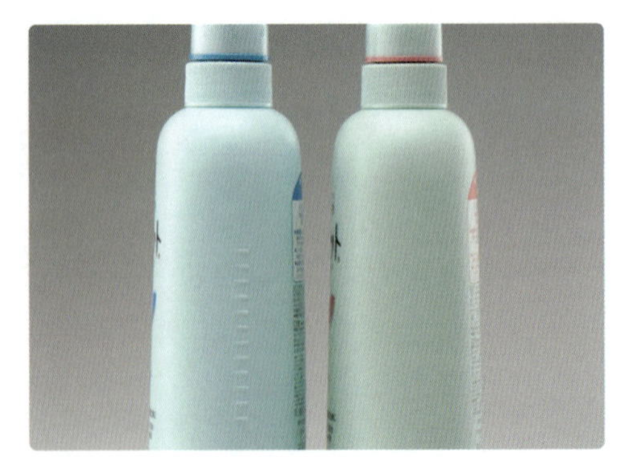

シャンプーとリンスの区別を表すボトルのきざみ（提供：花王）

そのほかにも、わたしたちの身の周りにはユニバーサルデザインの考え方を取り入れた製品がたくさんあります。

非常口の誘導灯

センサー式の蛇口

転落を防止する駅のホームドア

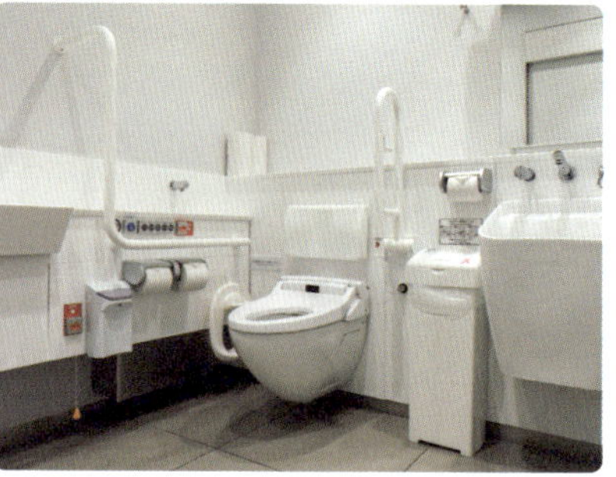

さまざまな人が使える設備や広さを備えた多目的トイレ

軽くて握りやすいユニバーサルデザインカトラリー（提供：燕物産）

アクセシビリティとユーザビリティ

アクセシビリティとユーザビリティという、使いやすさの度合いを表す言葉があります。

次の図は、ある製品またはサービスが、さまざまな人にとってどれくらい使いやすいかを表したものです。それぞれの特定の状況における使いやすさを**ユーザビリティ**といいます。これに対し、**アクセシビリティ**は使える度合いや人、状況の幅広さを指します。図の例では、ターゲット層のユーザビリティには優れているものの、障害者や高齢者、外国人にとっては「使える」レベルに達していません。

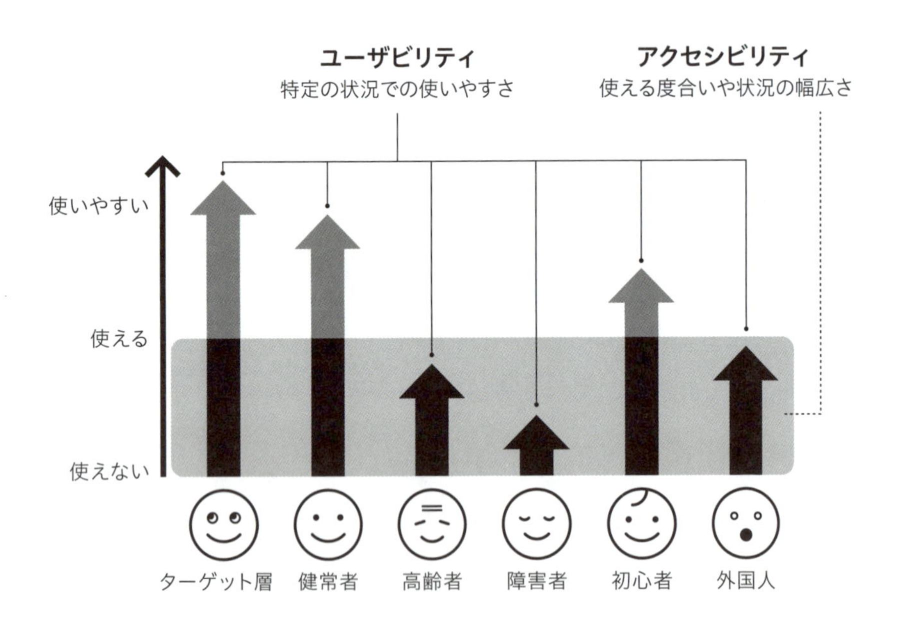

製品やサービスを使いやすくするためには、まず「使える」必要があり、そのためにはアクセシビリティを確保しなければなりません。ユーザビリティはアクセシビリティが確保された上に成り立ち、両者は重なる部分も多くあります。誰かが「使えない」という困った状況を解決することで、利用者全体にとっての使いやすさを高められます。

アクセシビリティを確保することで、あらゆる人や状況での使いやすさが高まることは、W3C（ウェブ技術の標準化団体World Wide Web Consortium）が公開しているビデオシリーズ**Perspectives Videos**でも紹介されています。

例えば、「Clear Layout and Design」のビデオを見てみましょう。一貫性のない複雑なレイアウトは、認知障害や学習障害のある人を混乱させます。明確なルールに従った一貫性のあるレイアウトにすることで、そのウェブサイトを初めて利用する人や、コンピューターの操作に自信のない人、急いでいるときや気が散っているときにも情報が見つけやすくなります。

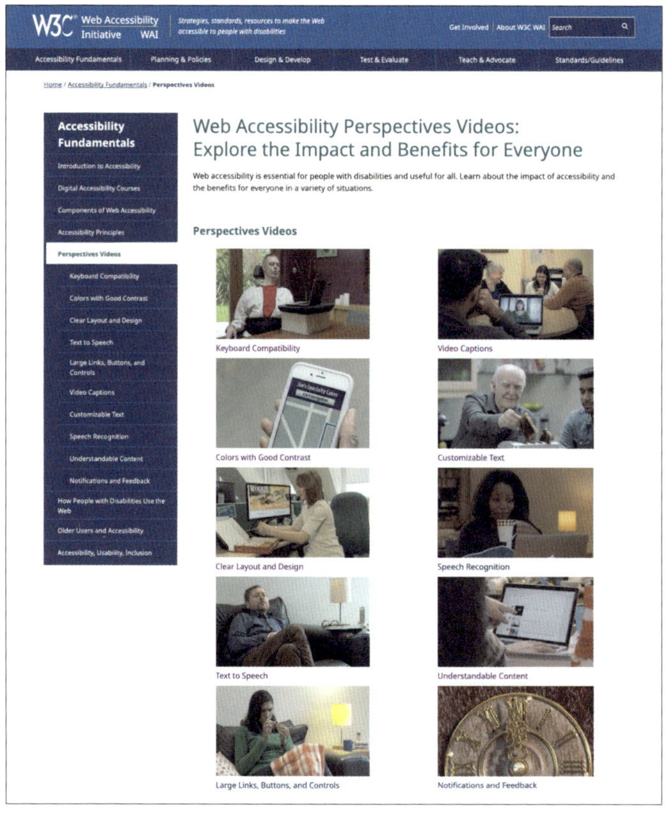

Perspectives Videos
https://www.w3.org/WAI/perspective-videos/

オンラインで広がる可能性

> The power of the Web is in its universality.
> Access by everyone regardless of disability is an essential aspect.
>
> ウェブの力はその普遍性にある。
> 障害の有無に関わらず誰でもアクセスできることは
> ウェブの本質的なあり方である。
>
> —— Tim Berners-Lee

ウェブに接続することで、それまでは場所や時間が限定されていた物事に、誰でも、いつでも、どこからでもアクセスできるようになります。

2020年からの新型コロナウイルス（COVID-19）の感染拡大は、わたしたちの生活に大きな変化をもたらしました。リモートワークやオンライン授業、ネットショッピングなど、生活のあらゆる場面でオンライン化が急速に進みました。

アクセスしている人は室内でパソコンに向かっているとは限りません。スマートフォンの普及や通信技術の発達によって、さまざまな環境から情報やサービスにアクセスできる可能性が広がりました。

インクルーシブデザイン

インクルーシブデザインとは製品やサービスの対象から排除（exclude）されていた人々と共に（include）課題解決に取り組むデザインアプローチです。イギリスのロイヤル・カレッジ・オブ・アートのロジャー・コールマン教授が提唱しました。

これまでターゲット層から排除されてきた障害者や高齢者を製品開発の初期段階から巻き込み、プロトタイプから共に作り上げていくのが特徴です。

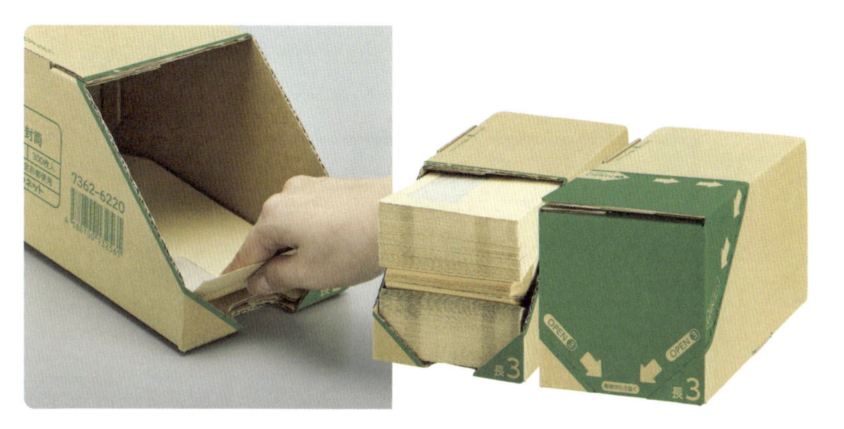

インクルーシブデザインの手法を取り入れて開発した「取り出しやすい箱入り封筒」（提供：カウネット）

カウネットの「取り出しやすい箱入り封筒」は、インクルーシブデザインの手法を取り入れて開発されました。手先に麻痺のある方や手に力を入れにくい方とワークショップを行い、次のような困りごとを発見しました。この困りごとを解決することで、使い始めから終わりまで使いやすい商品に改善されました。

- **箱の開け方がわかりにくい**：箱の切り取る部分と残す部分を一目でわかるように色分けし、切り取る部分に開封手順を記載する
- **箱を開ける際に力が必要**：つまみにくい細いジッパーではなく、手で掴めて力が入れやすいように、面で破れる形状にする
- **箱の底の方にある封筒が取り出しにくい**：正面の一部を切り欠いて、最後の1枚まで取り出しやすい形状にする

コラム　共に生きる社会を目指す法律

あらゆる人が共に生きられる社会を目指し、法律の整備も進んでいます。

2019年6月には**読書バリアフリー法**（正式名称「視覚障害者等の読書環境の整備の推進に関する法律」）が成立しました。障害の有無に関わらず、すべての人が読書による文字・活字文化の恩恵を受けるための法律です。大活字本や点字図書、布の絵本、録音図書、電子書籍など、さまざまな人が自分の利用しやすい形式で読書できることを目指しています。

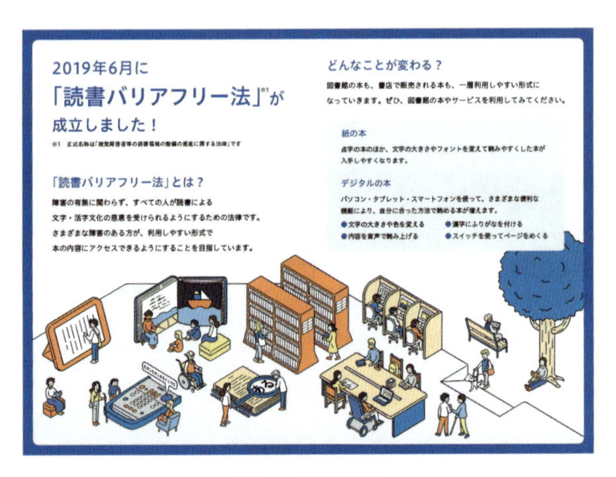

出典：文部科学省

https://www.mext.go.jp/a_menu/ikusei/gakusyushien/mext_01304.html

2022年5月には**障害者情報アクセシビリティ・コミュニケーション施策推進法**（正式名称「障害者による情報の取得及び利用並びに意思疎通に係る施策の推進に関する法律」）が成立しました。この法律は、障害に応じて情報を得る手段を選べるようにし、障害のない人と同じ内容の情報を時間差なく得て、円滑な意思疎通を図るためのものです。

2016年には**障害者差別解消法**（正式名称「障害を理由とする差別の解消の推進に関する法律」）が施行されました。2024年4月には改正法が施行され、行政機関だけでなく事業者にも**合理的配慮の提供**が義務化されました。合理的配慮とは、障害のある人から社会の中にある障壁を取り除くための対応を求められたときに、事業者の負担が重くなりすぎない範囲で調整することです。合理的配慮の提供では、障害者と事業者による対話の上で最適な解決策を検討します。

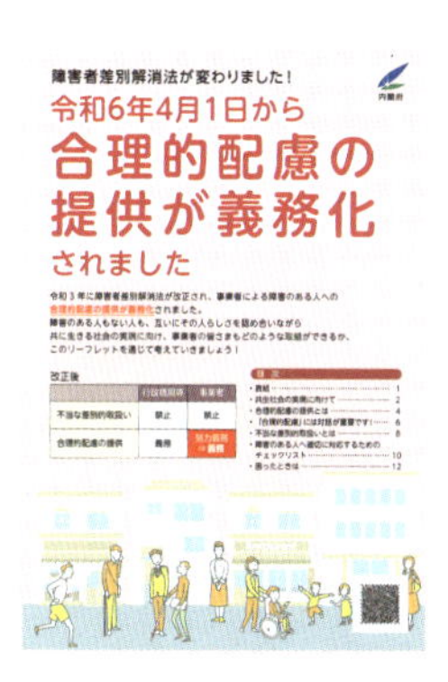

出典：内閣府
https://www8.cao.go.jp/shougai/suishin/sabekai.html

「**障害者差別解消に関する事例データベース**」では、障害の種別や場面から具体的な対応事例を検索できます。

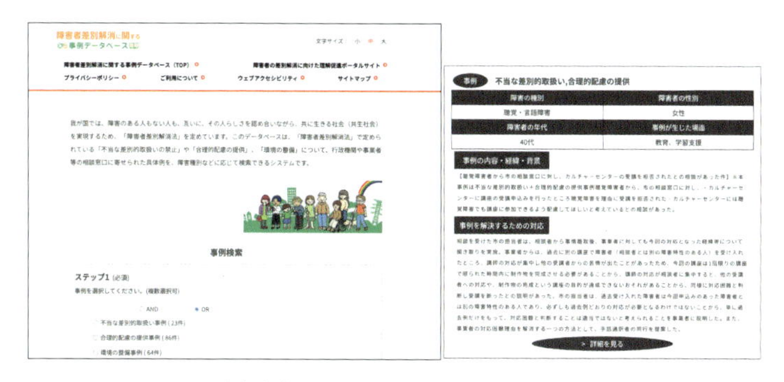

障害者差別解消に関する事例データベース
https://jireidb.shougaisha-sabetukaishou.go.jp/

1-3 6人の登場人物と「困った！」リスト

ケイくん

小学3年生の男の子ケイくん（8歳）。2歳年上のお姉さんと、お父さん、お母さんの4人で暮らしています。

好きな科目は理科で、将来の夢は宇宙飛行士です。D型色覚（039 ページ参照）で周りの友だちと色の見え方が異なるようですが、ケイくんはあまり気にしていません。ブロックで空想のマシンを作るのが大好きです。

ケイくんの困った！

本書では、6人の登場人物の声をヒントに「困った！」デザインを改善していきます。登場するのは特別な誰かではなく、あなたの職場の同僚や大切な家族、未来のあなたに似ているかもしれません。

大川さん

測量機器メーカーに務める大川さん（27歳）。営業部に配属され、仕事に手応えを感じ始めました。

熱意を伝えるトークは社内一ですが、資料作りが苦手。元野球部で走りと声量には自信があります。バッティングセンターとサウナ巡りが趣味です。

先日、うっかり利き手を痛めてしまいました。

大川さんの困った！

ウーゴさん

スペイン出身のHugo（ウーゴ）さん（40歳）。妻と暮らすために日本へやって来ました。

オンラインでスペイン語の講師をしています。料理とおしゃべりが好きで、休日は新しいレシピを試してみんなにふるまいます。

少しせっかちな性格で、テキストよりも口頭でのコミュニケーションを好みます。P型色覚（039ページ参照）の持ち主です。

ウーゴさんの困った！

町田さん

家事に仕事に忙しい毎日を送る町田さん（35歳）。日中はドラッグストアで働いています。

職場ではベテランで、馴染みのお客さんにもスタッフにも頼られています。先月店舗が改装され、商品探しのヘルプに呼ばれることもしばしば。

娘のユキちゃんがディスレクシア（学習障害の一種。読み書きの能力に困難を抱える症状）かもしれないと悩んでいます。

町田さんの困った！

- Chapter 2-6「コントラスト不足で困った！」…… 062
- Chapter 3-4「細くて困った！」…… 108
- Chapter 3-5「変形で困った！」…… 110
- Chapter 3-7「視線が迷子で困った！」…… 116
- Chapter 4-3「見当ちがいで困った！」…… 134
- Chapter 5-5「どっちつかずで困った！」…… 172
- Chapter 6-3「現在地不明で困った！」…… 196

福吉さん

図書館で働く福吉さん（51歳）。趣味は小説を書くことです。メガネをかけても視力がとても低いロービジョンで、白杖［はくじょう］を使って通勤しています。

ICT技術に詳しく、新しいガジェットは試してみたいタイプ。スクリーンリーダー（画面読み上げ）やスマートスピーカーを活用しています。

温和な性格でゆったりした話し方ですが、ジョークを言うのも大好きです。パートナーと猫と暮らしています。

福吉さんの困った！

文子さん

夫と二人暮らしをしている文子さん（72歳）。元バスガイドで、街歩きガイドのボランティアを月に2回しています。

孫たちとチャットやビデオ通話をするために、スマートフォンを使い始めました。育てている花の写真をカメラアプリで撮ることを楽しんでいます。

最近は少し忘れっぽく、耳が聞こえにくくなってきました。

文子さんの困った！

- Chapter 2-4「白×黄で困った！」…… 056
- Chapter 3-2「小さくて困った！」…… 098
- Chapter 3-3「読み間違えて困った！」…… 104
- Chapter 4-6「聞こえなくて困った！」…… 144
- Chapter 5-4「ごちゃごちゃで困った！」…… 168
- Chapter 6-2「勝手に動いて困った！」…… 192
- Chapter 6-7「うっかりミスで困った！」…… 210

コラム インクルーシブなペルソナ拡張

デザインの対象となる利用者を描いた仮想のユーザー像を**ペルソナ**といいます。ペルソナを設定することで利用シーンやニーズが具体的になり、デザインに関わるメンバー間でイメージを共有しやすくなります。本書の6人の登場人物はその一例です。しかし無意識のうちに、健常者ばかりをペルソナにしていることがあります。

インクルーシブなペルソナ拡張はペルソナに特性や状況（**コンテキスト**）を組み合わせて、アクセシビリティへの意識づけを促進するためのツールです。コンテキストには次の8種類があります。

- 視覚障害（全盲）
- 視覚障害（ロービジョン）
- 色覚特性（またはグレースケール印刷）
- 聴覚障害（または公共の場）
- 運動障害
- 加齢
- モバイル
- 認知／学習障害

それぞれのコンテキストに対して、ウェブサイトやアプリケーション利用時の障壁と解決方法がまとまっています。ペルソナと組み合わせることで、デザインの企画から制作、評価時にいつでも関係者の共通認識として参照できます。日本語版と英語版で、Googleスライドと PDFが公開されています。

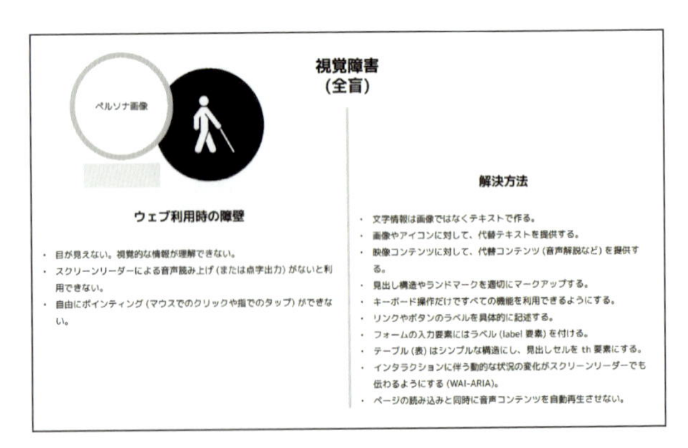

インクルーシブなペルソナ拡張
出典：土屋 一彦（Accessible & Usable）
https://github.com/caztcha/Inclusive-Persona-Extension/tree/master/ja

Chapter 2

色で困った！

この章では、色にまつわる「困った！」を集めました。色はイメージや情報を直感的に伝える力をもっています。色のいろいろな見え方を知って、色を味方につけましょう。

2-1 色の基礎知識

良い色使いって?

良い色使いとはどんなものか考えてみましょう。

次のAとBで、どちらがより良い配色でしょうか。好きな色なら選べそうですが、「どちらが優れた配色か」と聞かれると、判断が難しいと思います。

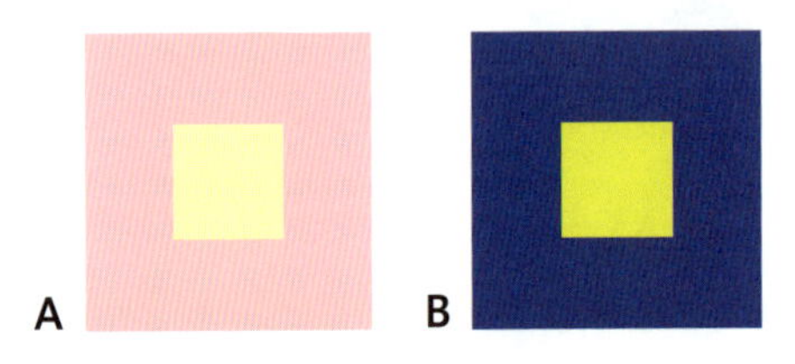

では、次のAとBならどうでしょうか。今度は「デザイン」という文字が読みやすいので、Bのほうが良い配色に感じられます。

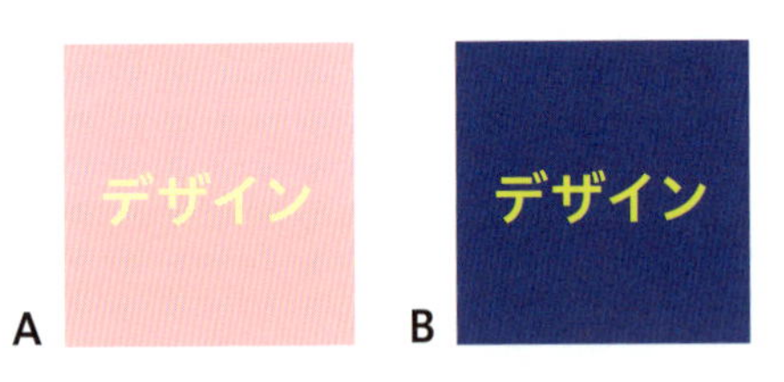

では、ベビーグッズのラッピングなら、AとBどちらが良いでしょうか。この場合は、ふわふわとやわらかい印象を感じるAのほうが相応しいように感じられるでしょう。

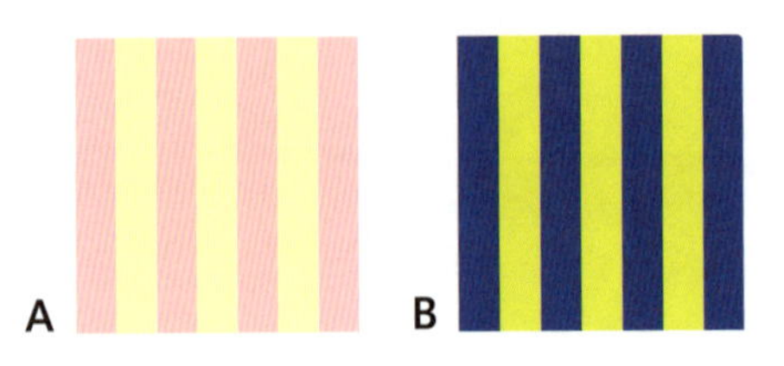

このように、良い色使いは達成したい目的によって変わります。

色の目的と役割

もし信号機が色ではなく文字で意味を表していたら、とっさに判断したり遠くから認識したりするのがずっと難しくなるでしょう。色には物事を直感的にわかりやすく、すばやく伝える力があります。

色の役割には大きく分けて2つあります。ひとつはイメージを伝える感性的な役割です。もうひとつが、文字を読んだり、色分けで分類を示したり、状態を伝えるといった機能的な役割です。デザインで色を扱うときは、その配色が演出のためのものか、情報を伝えるものか、目的を意識することが大切です。

感性的な役割	機能的な役割
連想させる	見やすくする
象徴する	目立たせる
印象付ける	状態を表す
五感に訴える	分類する

緑色の使用例

CHARGE
FULL

自然を連想させる

充電完了の状態を表す

どんなに素敵な見た目でも、情報が伝わらなければ本末転倒です。情報が伝わっても、誰にも見向きもされないビジュアルも良いとはいえないでしょう。

イメージと機能を両立させながら、いかに情報を届けるかを工夫するのがデザインの面白いところです。

コラム　色の三属性

色相、明度、彩度は色を表す3つの性質です。

- **色相**：色合いや色味の違い
- **明度**：色の明るさの度合い
- **彩度**：色の鮮やかさの度合い

同じ色相でも、明度や彩度によって印象は大きく異なります。薄い青、明るい青、濃い青、鮮やかな青……同じ「青」でもずいぶんイメージが変わります。この明度と彩度を組み合わせた概念をトーン（色調）といいます。

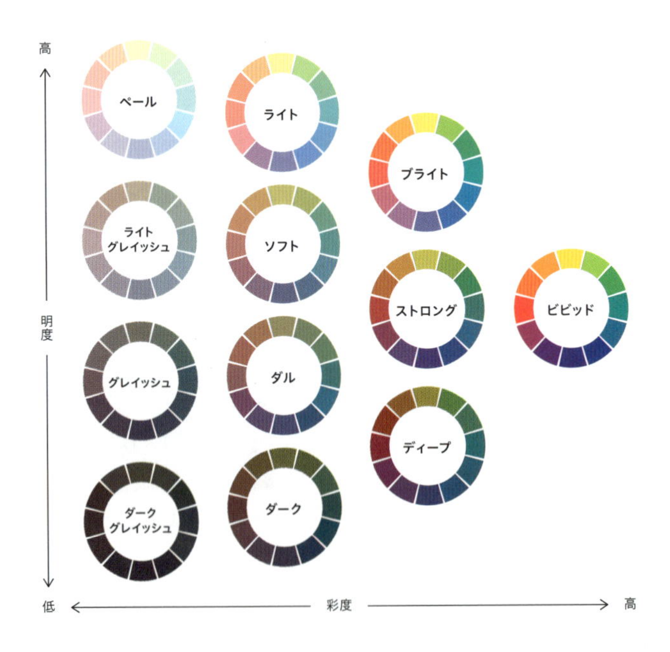

同じトーンで配色すると、調和のとれた印象になります。その反面、彩度の低い色同士は見分けがつきにくいこともあります。イメージと機能を両立した色使いを実現するには、色相、明度、彩度を意識して使いこなすのがポイントです。

色が見えるしくみ

> 光そのものに色はついていないが、
> 光は人間の視覚に色の感覚を起こす能力がある
>
> ――アイザック・ニュートン

色を感じるには、光と物体と視覚の3つの要素が必要です。わたしたちは物体を透過する光や反射する光によって色を認識しています。配色を考えるときは物体の色に注目しがちですが、色の見え方はその物体がどんな光の下で、どんな人が見るかによって変わります。

目に入った光は、目の奥の網膜〔もうまく〕という神経細胞の層に届き、視細胞で受容されます。視細胞には、暗いところではたらく桿体〔かんたい〕細胞と、明るいところではたらく錐体〔すいたい〕細胞があります。

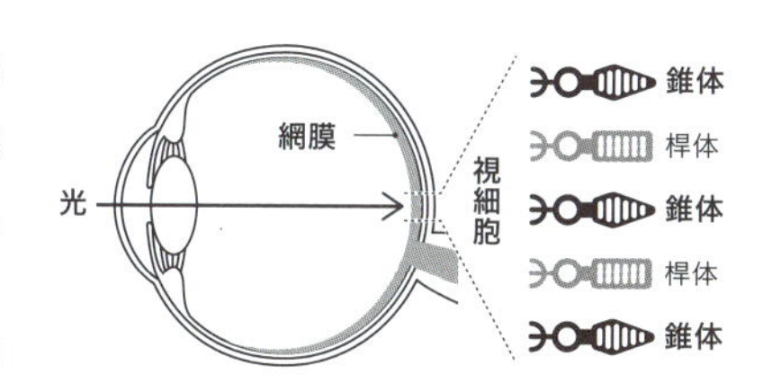

目と網膜の断面イメージ

錐体細胞には反応する光の波長によって、L（Long）錐体、M（Middle）錐体、S（Short）錐体の3種類があります。この3つの反応のバランスで、わたしたちは色を認識しています。

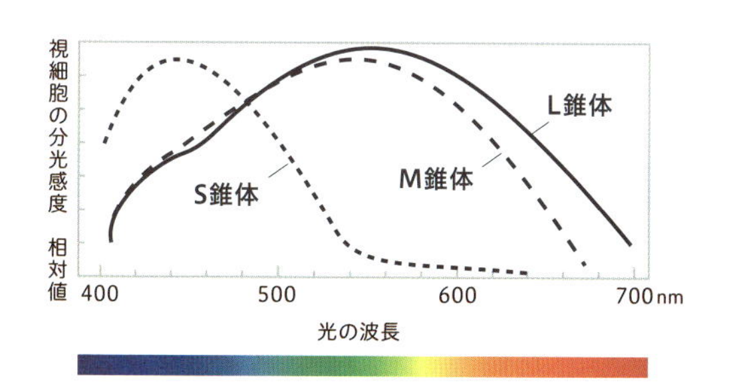

出典；『カラーユニバーサルデザイン推奨配色セット ガイドブック』

人間の視細胞は1億2500万ほどあると言われており、それらの反応と伝達によって色の感覚が生まれます。そう聞くと、人によって色の見え方が異なるのは必然であるかのように思えますよね。

色覚特性を知る

こちらは駅のホームにある電光掲示板です。空港快速は赤、区間快速はオレンジ、普通列車はグリーンと文字の色分けがされています。便利そうに見えるこの色分けですが、人によっては見分けにくいことがあります。

一般色覚　　P型色覚シミュレーション　　D型色覚シミュレーション

ウーゴさん（P型色覚）

赤い文字が黒の背景に埋もれて見えにくいな

ケイくん（D型色覚）

区間快速と普通列車の色は同じだと思ってた！

このような色の見え方の違いのことを**色覚特性**［しきかく とくせい］または色覚多様性といいます。色覚特性は、3種類の錐体細胞のはたらきで決まります。3種類の錐体細胞が機能している場合の色覚を、**一般色覚（C型色覚）**といいます。日本人男性の95%がこの一般色覚にあたります。そして残りの5%、日本人男性の約20人に1人、女性の約500人に1人が一般色覚とは異なる色覚をもっています。日本人男性で血液型がAB型の割合が約5%ですので、決して少ない割合ではありません。

一般色覚と異なる色覚は、色盲、色覚異常、色覚障害と呼ばれることもあります。**NPO法人カラーユニバーサルデザイン機構**（CUDO）は、色覚多様性への対応が不十分な社会では情報弱者となりうることから「**色弱**」という表現を使用しています。

出典：NPO法人カラーユニバーサルデザイン機構（CUDO）
https://cudo.jp/

色弱者の色の見え方は、4つのタイプに分かれます。L錐体がない、または機能していない場合をP型、M錐体がないか機能していない場合をD型、S錐体がないか機能していない場合をT型といいます。また、錐体が1種類しかないか全くなく桿体のみをもつ場合はA型といいます。

色覚のタイプ		L錐体	M錐体	S錐体	割合（日本人男性）
C型	（一般色覚）：3種類の錐体がはたらく	●	●	●	約95%
P型	弱度：L錐体がよくはたらかない	▲	●	●	約1.5%
	強度：L錐体が欠損している	✕	●	●	
D型	弱度：M錐体がよくはたらかない	●	▲	●	約3.5%
	強度：M錐体が欠損している	●	✕	●	
T型	弱度：S錐体がよくはたらかない	●	●	▲	約0.001%
	強度：S錐体が欠損している	●	●	✕	
A型	錐体1種類のみ／桿体のみはたらく	✕	✕	✕	約0.001%

●：錐体がはたらく　▲：錐体がよくはたらかない　×：錐体が欠損している

『色彩検定公式テキストUC級』をもとに作成

色相環の色覚シミュレーション

T型色覚をもつ人は非常にまれで、後天的に発現することが多いので、色の見分けにくさで日常的に不便になることは少ないと言われています。

本書でも主にP型色覚・D型色覚への対応を中心に紹介します。

見分けにくい色の組み合わせ

一般色覚の人には異なって見えている色が、P型・D型の人には赤や緑を中心に見分けにくくなります。見分けにくい色の組み合わせをピックアップすると、次の組み合わせが挙げられます。P型の人には濃い赤と黒が見分けにくく、D型の人には赤と緑が見分けにくいのが特徴です。

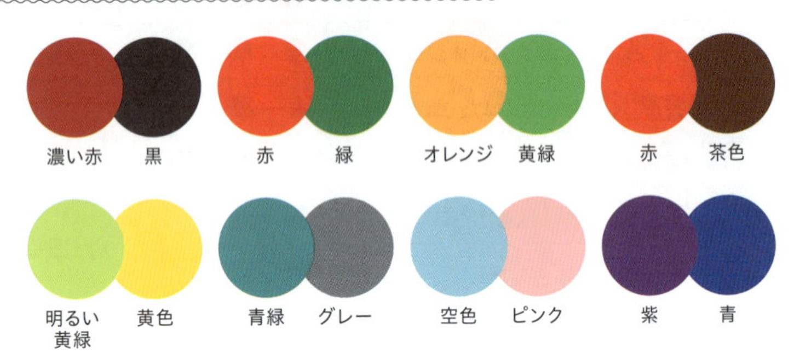

色覚シミュレーター

見分けにくい配色に気づくことはカラーユニバーサルデザインの第一歩です。色弱者の見分けにくい色は、シミュレーターを使って見つけられます。

Illustrator、Photoshopの校正設定

表示メニューの「校正設定」からP型とD型のシミュレーションを行えます。

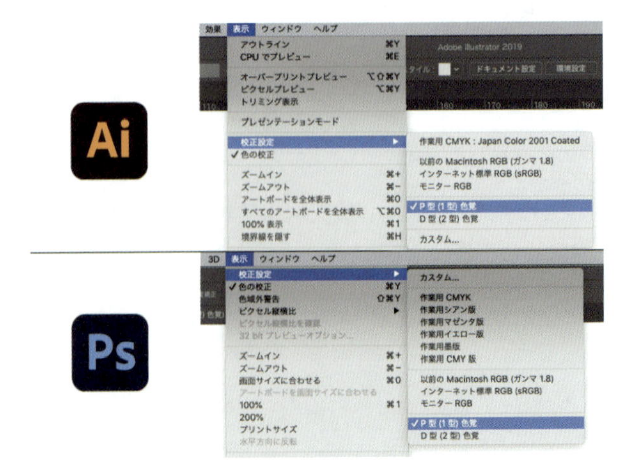

色弱模擬フィルタ「バリアントール」

メガネをかけて色の見分けにくさを体験できます。

色弱模擬フィルタ「バリアントール」

http://www.variantor.com/jp/

色のシミュレータ

スマートフォンやパソコンのカメラを通してリアルタイムに色の見分けにくさをシミュレーションできます。写真やスクリーンショットに色覚シミュレーションを行うこともできます。

色のシミュレータ

https://asada.website/cvsimulator/j/

色覚特性に関わらず伝わる配色を考えるうえでは、デザインをモノクロにしてチェックするのも有効です。グレースケールにして伝わるということは、色のコントラストが確保できている状態です。ビジュアルのメリハリをつけるためにも効果的です。

OS標準のカラーフィルタ

Mac/Windowsとも標準機能として**カラーフィルタ**が備わっています。設定メニューから画面全体をグレースケール表示にできます。

macOSのカラーフィルタ（システム設定の「アクセシビリティ」で設定）
Windowsでは設定メニューの「アクセシビリティ」に「カラー フィルター」があります

PowerPointの「色なしの確認」

PowerPoint では、校閲メニューの「アクセシビリティチェック」から「色なしの確認」機能を使うとグレースケール表示にできます。

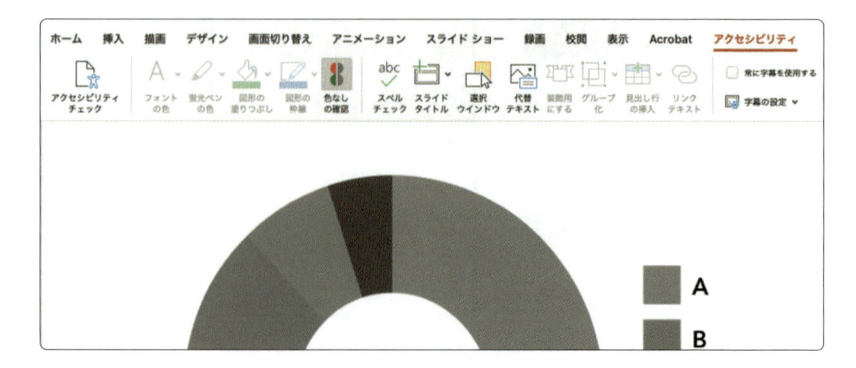

高齢者の色覚特性

色の見え方は加齢によっても変化します。歳をとるにつれて、目のレンズのようなはたらきをする**水晶体**の弾力性や光の透過率が低下します。その結果、視力が低下する、色が見分けにくくなる、明るい光が散乱してまぶしく感じるといった白内障［はくないしょう］の症状が現れるようになります。

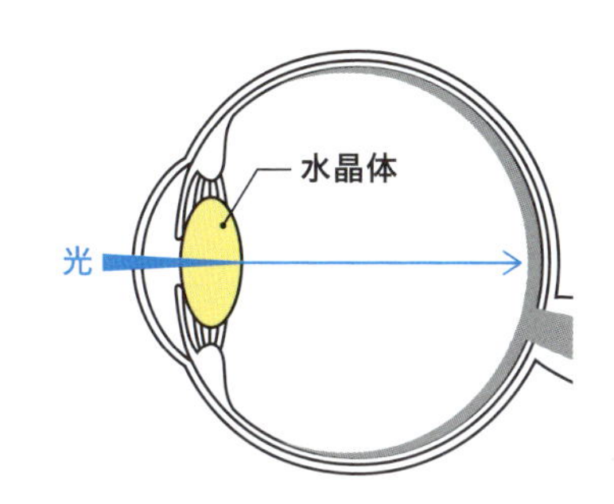

白内障の症状が現れた眼の断面イメージ
『色彩検定公式テキストUC級』をもとに作成

白内障は早い人では40代から発症して、70代になると8割以上、80歳以上ではほぼすべての人に症状が見られます。

年代	割合
50代	37～54%
60代	66～83%
70代	84～97%
80代以上	ほぼ100%

出典：「科学的根拠(evidence)に基づく
白内障診療ガイドラインの策定に関する研究 -患者用説明書-」より

文子さん

淡い色の薬は、見分けにくくて困るの

福吉さん

文子さんの見分けにくい色は、ロービジョンの私も見分けにくいです高齢者にとって、次の色の組み合わせは識別が難しくなります。

- **白と黄色**：水晶体が黄色っぽく濁るため
- **紺と黒**：青系の光の透過率が下がるため
- **明度差の少ない配色**：目に入る光の量が減少するため

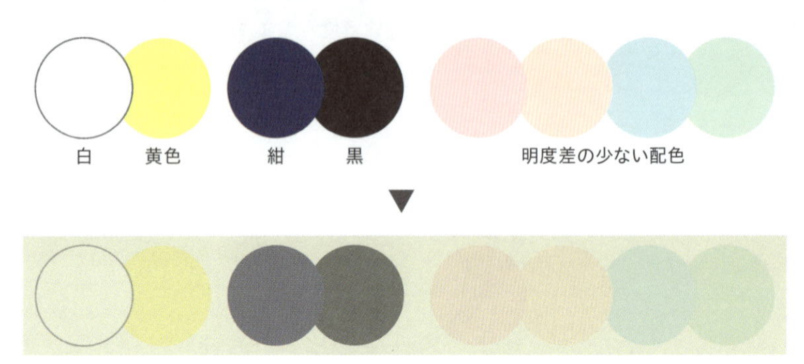

白内障シミュレーション

白内障のほかにも、老眼やコントラスト感度の低下など、加齢による見え方の変化は人それぞれです。

見え方紹介アプリでは、スマートフォンのカメラを使って、次のような見えにくさのシミュレーションができます。

- **羞明**：明るいところが見えにくい
- **夜盲症**：暗いところが見えにくい
- **視野狭窄**：周辺視野が見えにくい
- **中心暗点**：中央視野が見えにくい

iOS

Android

見え方紹介アプリ

https://jakushisha.net/miekata_apps.htm

コラム　クラスに1人は困ってる?

緑色の黒板に赤色のチョークで描かれた文字は、色弱者にとって読みにくいです。色弱者の割合は日本人男性の約5%ですので、40人クラスで1人以上は困っている可能性があります。

明るいピンクのチョークを使うと視認性は増しますが、水色と見分けにくいため、色分けをする場合は注意が必要です。板書には白か黄色のチョークを使うか、カラーユニバーサルデザイン対応のチョークを使うことをおすすめします。

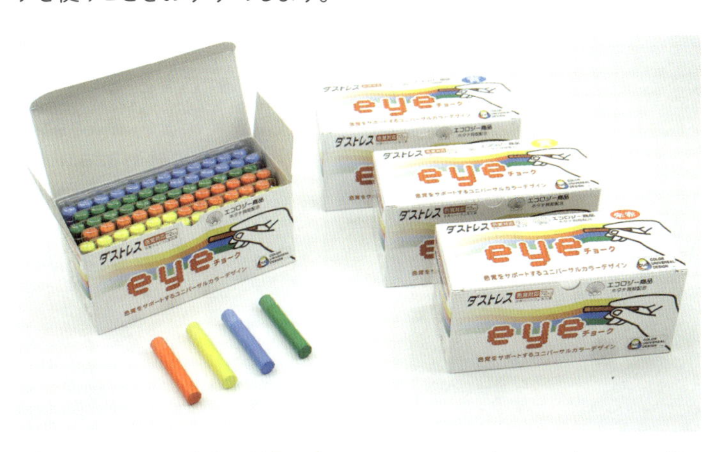

カラーユニバーサルデザイン対応のダストレスeyeチョーク（提供：日本理化学工業）

また、赤色のレーザーポインターも色弱者にとっては見えにくい場合があります。緑色のレーザーポインターは赤色よりも明るく、誰にとっても視認性が高い光が使われています。

大切なのは誰が困っているかではなく、誰がどんな色覚でも困らないように伝えることです。色の見え方は人によって異なるという前提をもって、伝える道具を選んでみましょう。

2-2 赤×黒で困った！

事例1 危険・禁止を表す赤

改善前 ここが困った！

改善前

改善前（P型色覚シミュレーション）

●濃い赤 C0 M100 Y100 K20 / R185 G30 B20

P型色覚では赤色を暗く感じるため、背景の黒色と電流を表す濃い赤色が同化して見えています。危険を表す標識ですので、標識が目に止まりにくいのも問題です。

ウーゴさん

黒と赤が同化して、何に注意したら良いかわからないよ！

赤といえば目立つ色と思いがちですが、P型色覚の人にとって濃い赤と黒は見分けにくい組み合わせです。

改善後　こうしよう！

改善後

●赤 C0 M85 Y95 K0 / R255 G75 B0

改善後（P型色覚シミュレーション）

赤の色味をオレンジ寄りに調整してみましょう。少し色相をずらすだけで、P型色覚の人にも赤い部分が黒の背景から引き立って見えるようになります。

改善前　ここが困った！

改善前

改善前（P型色覚シミュレーション）

禁止を表す赤の斜線と黒いカメラのピクトグラムが重なっており、P型色覚では2つの形が認識しにくいです。

改善後　こうしよう！

改善後

改善後（P型色覚シミュレーション）

見分けにくい色が重なる表現には、色と色の間に**境界線（セパレーションカラー）**を加えると、要素の形や重なりがわかりやすくなります。

見分けにくい色同士を分離するセパレーションカラーは、アプリの通知アイコンにもよく使われています。

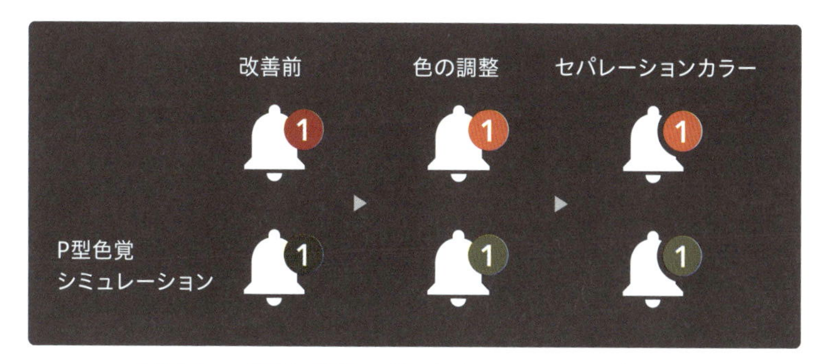

赤色をオレンジ寄りに調整し、黒のセパレーションカラーを加えた例

ウーゴさん

アプリの通知マークにもセパレーションカラーが使われているね。
小さなアイコンでも、パッと見て通知が来ているのがわかる！

セパレーションカラーはグラフや地図などの色を見分けやすくするのにも有効です。ただし、文字の周りに縁取り線を加える場合には注意が必要です。文字は形状が複雑なため、縁取り線を加えるとさらに複雑さが増して文字の形が認識しにくくなるからです。まずは縁取り線を使わずに文字が読みやすい配色を考えるのがおすすめです。

✕ わるい　赤い背景＋黒い文字

館内火気厳禁　館内火気厳禁

△ もうすこし　赤い背景＋黒い文字に白い縁取り線

館内火気厳禁　館内火気厳禁

✓ よい　赤い背景＋白い文字

館内火気厳禁　館内火気厳禁

P型色覚シミュレーション

事例2　強調を表す赤

改善前　ここが困った！

色の見え方は人によって
異なります。色覚特性に
よらず、色のもつ力を
受け取れるデザインを。

改善前

色の見え方は人によって
異なります。色覚特性に
よらず、色のもつ力を
受け取れるデザインを。

改善前（P型色覚シミュレーション）

黒い背景に赤い文字が同化して、P型色覚の人には強調している部分が読みにくくなっています。

ウーゴさん

強調してある部分があるの？　重要なところが読みにくい！

改善後　こうしよう！

色の見え方は人によって異なります。色覚特性によらず、色のもつ力を受け取れるデザインを。

色のみ（P型色覚シミュレーション）

色の見え方は人によって異なります。色覚特性によらず、**色のもつ力**を受け取れるデザインを。

改善後：色+太さ（P型色覚シミュレーション）

赤を使う必要がない場合は、そのデザインの中でより目立つ色に変えてみましょう。黒い背景の場合、黄色はP型・D型色覚の人にも明るく目立って見えます。

さらに、文字の太さや大きさにも変化をつけるなど、複数の手がかりがあると、より多くの人に強調したい部分が伝わります。

改善前　ここが困った！

多様性を受け入れる
みんなのデザイン

改善前

多様性を受け入れる
みんなのデザイン

改善前（P型色覚シミュレーション）

P型色覚の人には黒字と赤字の違いが伝わりにくいです。細い文字ではとくに色が見分けにくくなります。

改善後　こうしよう！

多様性を受け入れる
みんなのデザイン

改善後

多様性を受け入れる
みんなのデザイン

改善後（P型色覚シミュレーション）

強調部分の色を変更して文字サイズを大きくし、マーカー状の装飾を加えました。色を変更した後にも、色覚シミュレーションをかけましょう。

コラム 安全を守る色（安全色）

災害時や非常時には、すべての人が命を守る行動をとれるよう、誰一人取り残さない情報伝達が求められます。

	改正前	改正後		色調整の方向性
赤			8.75R 5/12 C0 M85 Y95 K0 R255 G75 B0	P型色覚の人が黒と誤認しやすかったため、黄みに寄せた。
黄赤			5YR 6.5/14 C0 M50 Y100 K0 R246 G170 B0	赤が黄赤側に寄ったため、黄みに寄せて色相を離した。
黄			7.5Y 8/12 C0 M0 Y100 K5 R242 G231 B0	黄赤側に寄っていて明度が低く、P型・D型色覚の人が黄に感じにくかったため、赤みを抜いて明度をやや上げた。
緑			5G 5.5/10 C85 M0 Y80 K0 R0 G176 B107	P型・D型色覚の人には緑ではなく灰色に感じられ、ロービジョンの人には青と見分けにくかったため、黄みに寄せた。
青			2.5PB 4.5/10 C95 M40 Y0 K0 R25 G113 B255	明度が低く、黒や赤紫との見分けが難しかったため、ロービジョンの人が緑と見分けられる範囲で明度をやや上げた。
赤紫			10P 4/10 C40 M90 Y0 K0 R153 G0 B153	D型色覚の人が緑や灰色と見分けにくかったため、青と見分けられる範囲で青みに寄せた。

JIS安全色（JIS Z 9103:2018）の改正前後と色調整の方向性
「色の指定値：マンセル参考値／ CMYK推奨値／ RGB推奨値」
http://safetycolor.jp/shiteichi/

2018年4月にJIS（日本産業規格）の**安全色**が改正されました。JIS安全色では、禁止や危険を示す赤、注意を示す黄、指示や誘導を示す青など各色に意味や目的があります。多様な色覚に対応するため、色弱やロービジョン当事者の声を聞きながら色の調整が行われました。

2-3 赤×緑で困った！

改善前　ここが困った！

改善前

●赤 C0 M85 Y95 K0 / R255 G75 B0
●緑 C80 M10 Y100 K0 / R0 G160 B60

改善前（D型色覚シミュレーション）

ケイくん

クリスマスパーティの日はいつ？

クリスマスのように広く認知されている配色や、ブランドカラーやテーマカラーに沿って一貫したイメージを伝えることは色の大切な役割です。

しかし、D型色覚では赤と緑の区別がつきにくいため、緑色のツリーに赤い文字が埋もれて読みにくくなっています。

赤と緑は色覚特性によって見え方が大きく異なる色です。しかし赤や緑を使ってはいけないわけではありません。色のもつイメージを活かしながら、どんな工夫ができるでしょうか。

改善後　こうしよう！

改善後

●赤 C0 M85 Y95 K0 / R255 G75 B0
●緑 C90 M30 Y70 K0 / R0 G135 B100

改善後（D型色覚シミュレーション）

配色のポイントは、文字やグラフなど情報を伝える部分で見分けにくい色同士が隣り合わないようにすることです。

ここでは、日時の文字色を赤から金に変更しました。白や無彩色、金（銀）を使うと、全体の色の印象を変えずに伝わりやすい表現にできます。

ツリーの緑色は、青緑に寄せて少し暗くしました。見分けにくい色同士でも、明度差をつけると見分けやすくなります。また、黄味と青味の差をつけることで、P型、D型色覚でも見分けやすくなります。

2-4 白×黄で困った！

事例1 サイン表示の白×黄

改善前 ここが困った！

改善前

改善前（白内障シミュレーション）

黄色は**誘目性**に優れるため、サインや案内表示にもよく使われる色です。

ただし、白と黄色は明度差が少ないため、暗い場所や光が眩しい場所など、サインの設置場所によっては文字や記号が読みにくくなります。

文子さん

駅の矢印のサインが見えなかったわ

大川さん

メガネを忘れてぼやけて見える！

黄色は有彩色の中で最も明るい色です。白と黄色は明度差が少なく、一般色覚の人にとっても見分けにくい組み合わせです。

改善後　こうしよう！

改善①

改善②

遠くから見ても、急いでいても、誰にでも伝わるように、濃い色と組み合わせて視認性を高めましょう。矢印を黒に変更しました（①）。黄色と黒の組み合わせが使えない場合は、境界線（セパレーションカラー）を検討しても良いでしょう（②）。

ワンポイント

点字ブロック（視覚障害者誘導用ブロック）の色は、一般的なアスファルト舗装の道路と見分けがつきやすい黄色が基本です。ただし、明るい色の道や床に敷設すると、明度差が確保できないことがあります。その場合は、点字ブロックの両側に濃い色を塗装することで明度差を確保できます。

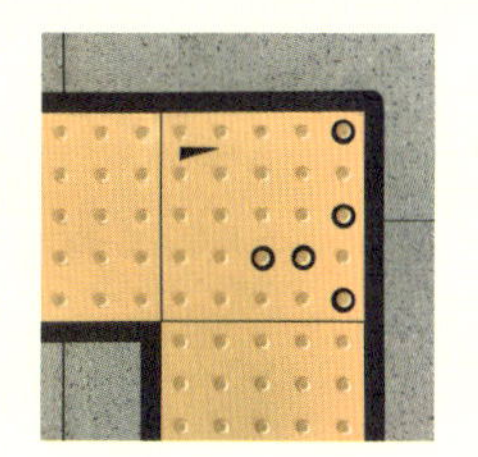

出典：道路の移動等円滑化に関するガイドライン

事例 2 ハイライト表示の黄色

改善前 ここが困った!

2024年度ガイドツアー行程表

新しく追加されたスポットを黄色のハイライトで示しています

ルートA	駒瑠駅 → 花時計 → フラワーパーク → サンタワー → 解散
ルートB	駒瑠駅 → リバーウォーク → 小松茶屋 → 眼鏡橋 → 解散
ルートC	駒瑠駅 → 文豪の道 → 写真資料館 → けやき横丁 → 解散

白内障により水晶体が黄変すると、視界全体が黄色っぽくかすんで見えます。症状は徐々に進行するため、本人に自覚のない場合もあります。白い背景と明るい黄色の区別がつきにくく、ハイライトされた部分がわからなくなっています。

文子さん

新しいスポットに色がついているって……?

改善後 こうしよう!

2024年度ガイドツアー行程表

新:新しく追加されたスポット

ルートA	駒瑠駅 → 花時計 → 新**フラワーパーク** → サンタワー → 解散
ルートB	駒瑠駅 → リバーウォーク → 新**小松茶屋** → 眼鏡橋 → 解散
ルートC	駒瑠駅 → 新**文豪の道** → 写真資料館 → けやき横丁 → 解散

新しく追加されたスポットを太字にして、記号を加えました。モノクロコピーをしても情報が伝わるようになりました。

コラム　虹は何色？

「虹の色は7色」は、実は世界共通ではありません。アメリカでは6色、ドイツでは5色、4色や3色、8色とする地域もあります。同じ虹を見ていても、文化や言語、その色を区別して表す言葉があるかどうかによって色の捉え方は異なります。

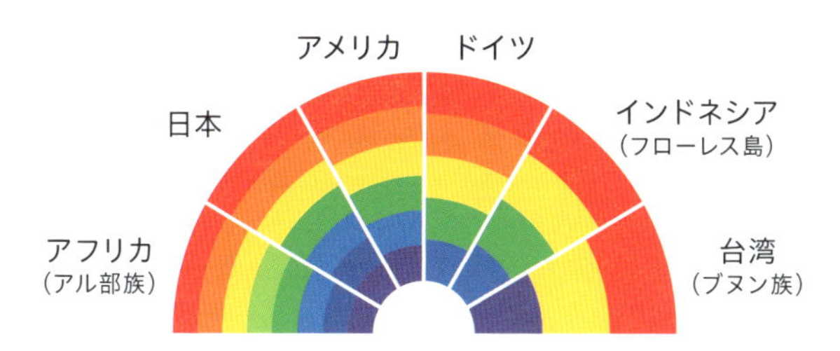

地域によって異なる虹の色数
出典：ウェザーニュース

ヒトは約数十万もの色を見分けられると言われていますが、それをどんな色名に分類するかは別問題です。

虹の色はグラデーションですので、色の境界線をどこに引くかは人によって異なるでしょう。「青」という言葉がなかったら、隣の人とどんな風に色を伝え合いますか？　そう考えると、色覚多様性はわたしたちみんなの中にあるものといえそうです。

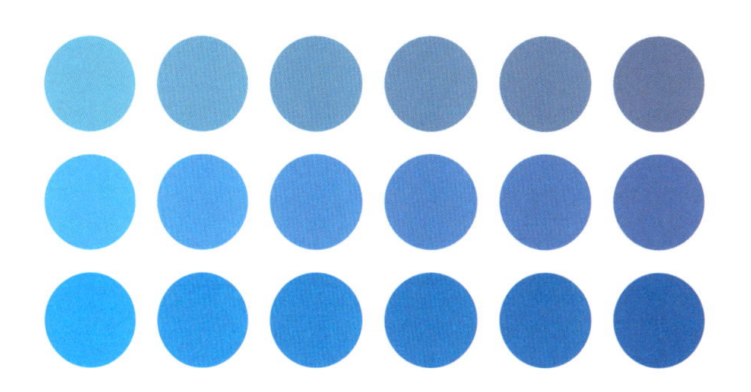

水色と青の境目はどこでしょう？

2-5 色名で困った！

改善前　ここが困った！

改善前

改善前（P型色覚シミュレーション）

ウーゴさん

ピンクの紙に記入してお待ちくださいって言われても……

見える色をどの色名に分類するかは色覚や文化によって異なります（059ページ参照）。色名で情報を伝えると、人によっては伝わらないことがあります。

色名で情報を伝えると、わかりやすくなる人もいれば、困ってしまう人もいます。わかりやすいコミュニケーションを考えるのもデザインのひとつです。

改善後　こうしよう！

紙に色名を記載しました。モノクロコピーをしても情報が伝わります

ウーゴさん

これなら複雑な書類の名前を覚えるよりもわかりやすい！

色の見え方や捉え方には個人差がありますので、なるべく具体的な名称と合わせて伝えるようにしましょう。色名を手がかりにコミュニケーションを行う場合は、対象物に色名を表記するとより多くの人に伝えられます。

施設や設備の塗装、印刷物やデジタルサインなど、複数の媒体で色を用いた情報伝達を行う場合にも、色名の表記は有効です。

2-6 コントラスト不足で困った！

事例1 暗い照明で見ている

改善前 ここが困った！

町田さん
店内ディスプレイが変わってから、
迷っているお客様が増えた気がする

使い方
①フロスを切り取り、左右の中指に巻きつけます。
②フロスの間隔が1～2cm離れるように持ちます。
③ゆっくりと歯と歯の間に挿入します。歯の側面に
こすりつけながら、2～3回上下させてください。
④使用後はお口をゆすいでください。

デスクワークをするオフィスの平均的な明るさが800ルクス程度なのに対し、一般的な居間の明るさは300～400ルクスと言われています。同じ室内でも、天井や床付近、部屋の角や家具の影など、場所によって明るさは異なります。とくに高齢者は暗い場所での視力が低下する傾向にあります。

明度差の少ない配色は、デザインをしている環境では見えていも、見る人の環境や視力、状況によっては見えにくい場合があります。

改善後　こうしよう！

情報を伝えている要素の色と背景色のように、2色の明るさの比率のことをコントラスト比といいます。印刷物やサインをデザインするときは、実際に置かれる場所や利用する年齢層、時間帯を想定して配色しましょう。

使い方

①フロスを切り取り、左右の中指に巻きつけます。
②フロスの間隔が1～2cm離れるように持ちます。
③ゆっくりと歯と歯の間に挿入します。歯の側面にこすりつけながら、2～3回上下させてください。
④使用後はお口をゆすいでください。

明るさの足りない場所でも文字が読みやすいように、文字と背景の色のコントラスト比を高めました。

事例 2 ウェブやアプリを見ている

改善前 ここが困った！

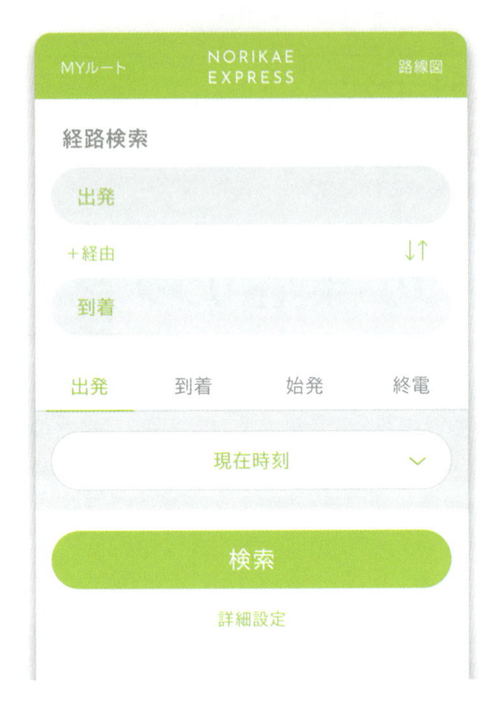

屋外の強い直射日光の下、薄暗い場所、古いモニターや保護フィルムを貼った画面、急いでいるとき、流し読みをしているときなどは、より高いコントラストが必要です。

改善後　こうしよう！

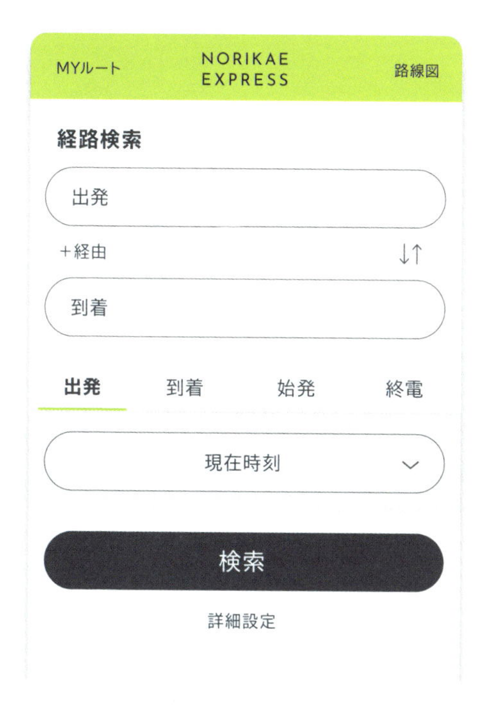

ウェブコンテンツのウェブコンテンツのアクセシビリティガイドライン（067ページ参照）に沿って、テキストとUIコンポーネントのコントラストを確保しました。個人の感覚ではなく、数値でコントラストを管理することで、伝わる可能性を高められます。

改善前　ここが困った！

BIG SALE
50%
OFF

抽選で
300名に
プレゼント

町田さん
寝る前にSNSを見ていたけど、目に止まらなかったです

改善後　こうしよう！

文字を真っ黒にするとイメージに合わないと感じるときは、グレーや同系色の濃い色を試してみましょう。

BIG SALE
50%
OFF

抽選で
300名に
プレゼント

BIG SALE
50%
OFF

抽選で
300名に
プレゼント

WCAGのコントラスト比の基準

WCAG（Web Content Accessibility Guidelines）は、ウェブ技術の標準化団体W3C（World Wide Web Consortium）が作成するウェブアクセシビリティのガイドラインです。

WCAG 2.0は国際規格ISO/IEC 40500:2012として採用されており、日本産業規格 JIS X 8341-3:2016もこの国際規格と一致した内容になっています。2023年10月には、WCAGの最新版である「2.2」が勧告されました。ISO/IEC 40500はWCAG 2.2の内容で更新される予定で、JIS X 8341-3も改正に向けて準備が進められています。

WCAG では、テキスト、アイコンやボタンなどのUIコンポーネント、チャートやグラフなどコンテンツの理解に必要なグラフィックについて、それぞれ背景との間にコントラスト比の基準が定められています。

要素	コントラスト比	
	最低限の基準	高度な基準
テキスト、文字画像	4.5：1 以上	7：1 以上
18pt（24px）以上の大きな文字、 14pt（18.5px）以上の太字	3：1 以上	4.5：1 以上
UIコンポーネント、 コンテンツの理解に必要なグラフィック	3：1 以上	
ロゴマーク、非活性のUI、装飾的な要素	要件なし	

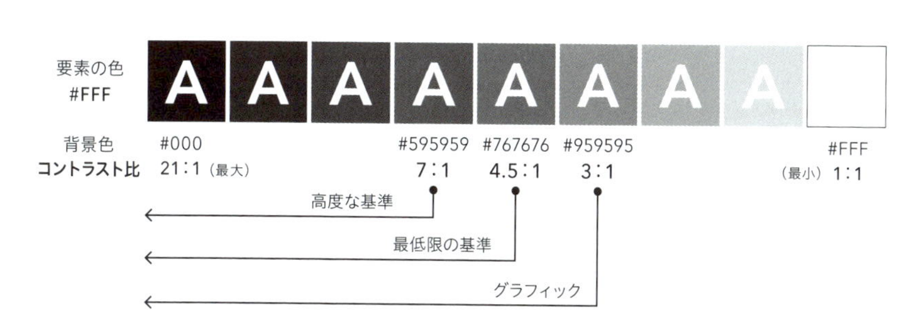

WCAG 2.2 達成基準 1.4.3：コントラスト（最低限）、
達成基準 1.4.6：コントラスト（高度）、達成基準 1.4.11：非テキストのコントラスト から
https://waic.jp/translations/WCAG22/

コントラスト比のチェックツール

ツールを使って数値をチェックすると、一見問題なさそうな色の組み合わせでも基準値を満たせていない場合があります。数値を使うことで、チーム内で基準を統一したり、配色を説明したりする際の根拠になります。

Contrast Ratio

ウェブブラウザで使えるツールです。背景色と文字色の値を入力すると、コントラスト比が算出されます。

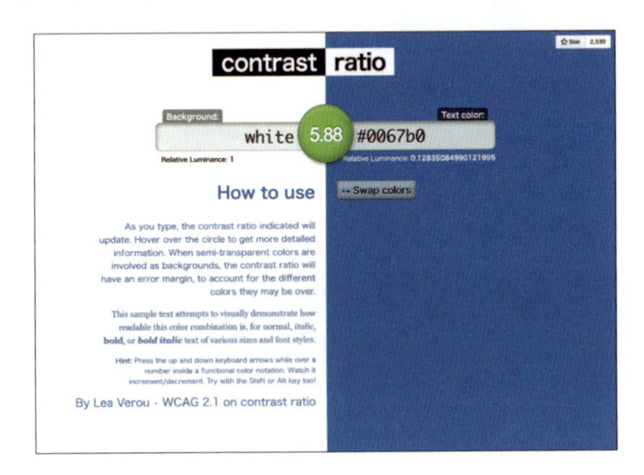

https://www.siegemedia.com/contrast-ratio/

who can use

ウェブブラウザで使えるツールです。コントラスト比のチェックだけでなく、色覚シミュレーションも同時に行えます。

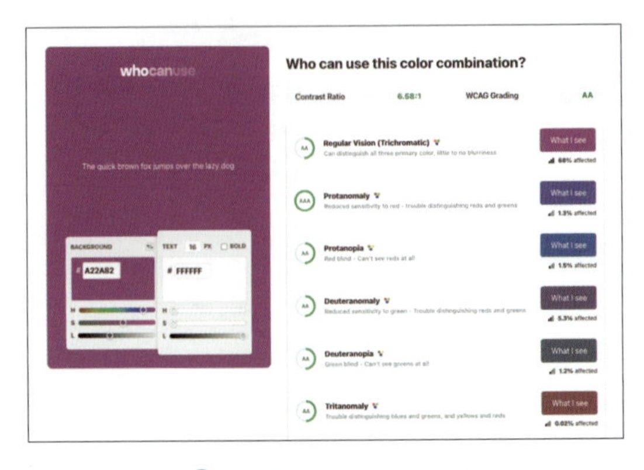

https://www.whocanuse.com/

Colour Contrast Analyser

インストール型のチェックツールです。Mac用とWindows用があります。

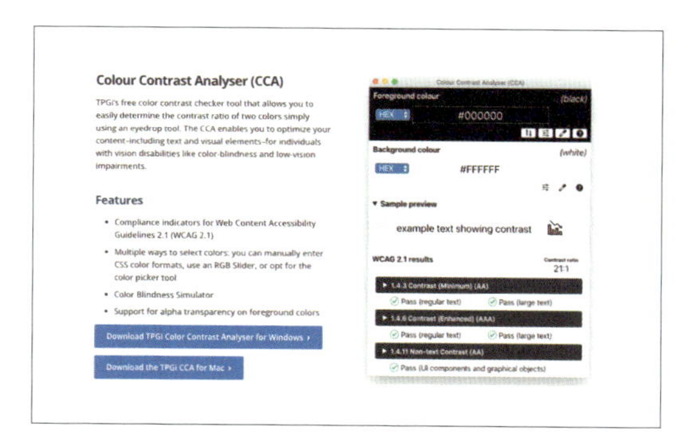

https://www.tpgi.com/color-contrast-checker/

Stark

各種ブラウザの拡張機能やデザインツール（Figma, Sketch, Adobe XD）のプラグインとして使えるツールです。コントラスト比のチェックのほか、色覚シミュレーション、ぼやけや黄変といった見えにくさのシミュレーションなど、アクセシビリティに関するさまざまなチェックが行えます。

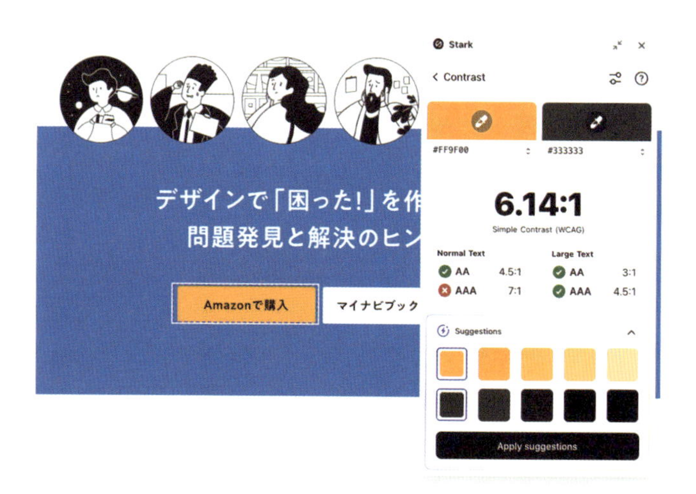

https://www.getstark.co/

事例3 写真と文字が重なっている

改善前 ここが困った！

写真は明暗の調子が複雑に変わるため、文字を重ねると読みにくい部分ができてしまいます。

背景写真を半透明にするとコントラストは向上しますが、文章を読むときにはノイズとなり視認性が損なわれる場合があります。写真の印象も弱まってしまうので、あまりおすすめできません。

福吉さん

写真に重なった文字がすごく読みにくいです

改善後 こうしよう！

写真も文章も見せたい場合には、思い切ってエリアを分割したレイアウトにしてみましょう。タイトルなどアイキャッチにしたい要素は、背景に色を敷くと写真に重ねても視認性が保てます。

あるいは、**コピースペース**（文字を載せる場所）のある写真を選ぶと、文字が読みやすくなります。

2
色で困った！

2-7 色分けで困った！

事例1 折れ線グラフの色分け

改善前 ここが困った！

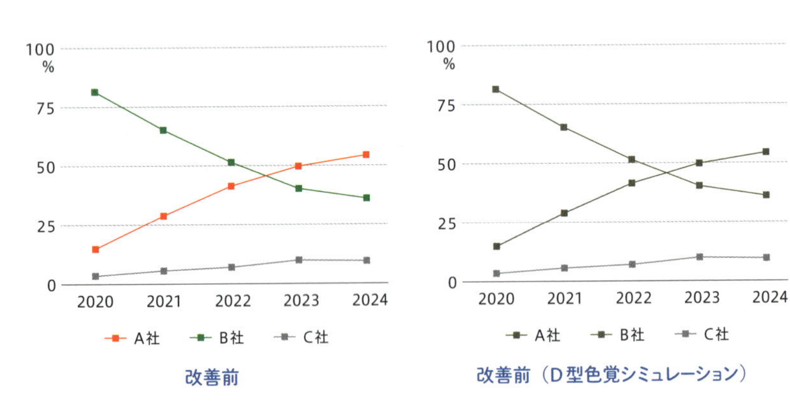

色弱者に見分けにくい色の組み合わせで、凡例［はんれい］と照合しにくいグラフになっています。発色の悪いモニターやプロジェクター、プリンターを使っている場合、さらに色が見分けにくくなります。

大川さん

プレゼンのグラフが見にくいって言われちゃった……

色を使うことで、情報の分類や区別をわかりやすく伝えられます。色の便利さを誰もが受け取れるように、改善してみましょう。

改善後　こうしよう！

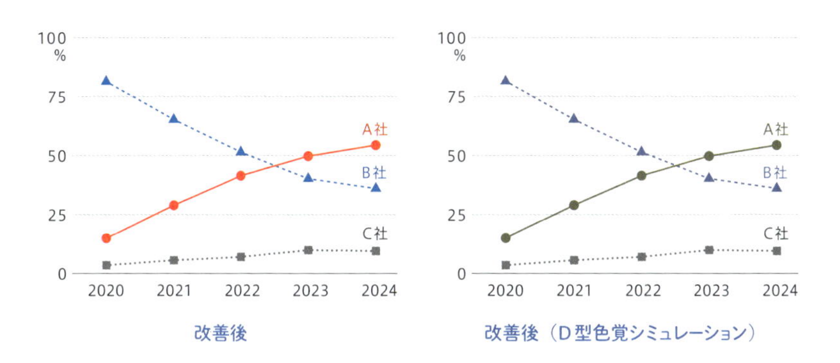

改善後　　改善後（D型色覚シミュレーション）

色の組み合わせを赤・青・グレーに変更し、線を太くして色の面積を増やすことで、色を認識しやすくしました。また、色だけでなく線の種類とマーカーの形状でも3つのグラフを識別できるようにしました。グラフの外に凡例として示されていたラベルは、グラフの中に表記しました。

色覚特性によらず、色の面積が大きいほど色は見分けやすくなります。色分けをする場合は、なるべく色の面積を大きく確保するか、彩度の高い色を使用しましょう。

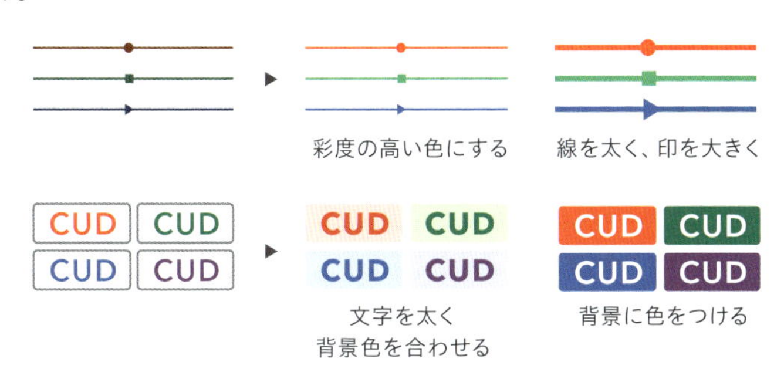

事例2 円グラフの色分け

改善前 ここが困った！

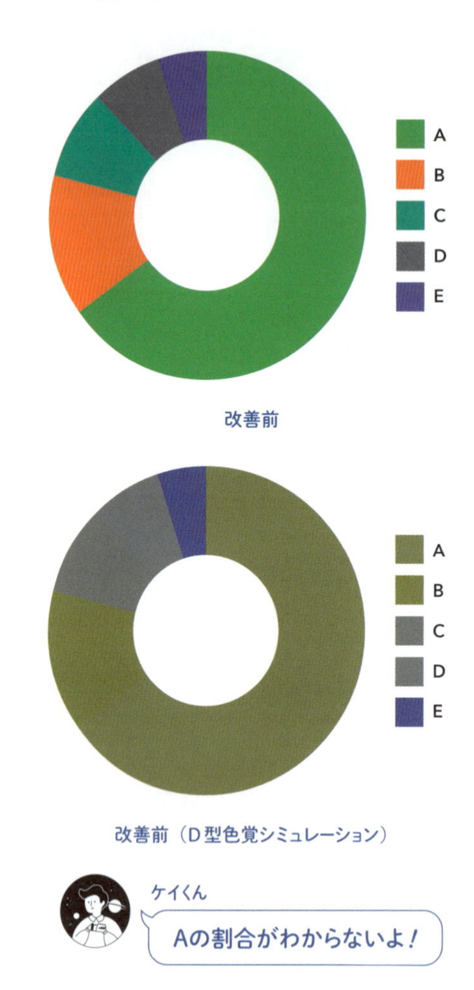

A~Eの5つに色分けされた円グラフで、AとB、CとDで、D型色覚の人には見分けにくい色が隣り合っています。

改善後　こうしよう！

見分けにくい色同士が隣り合わないように配色の順番を変更し、項目の境界線（セパレーションカラー）を加えました。セパレーションカラーは隣り合う色との間にコントラスト比を確保するためにも有効です。

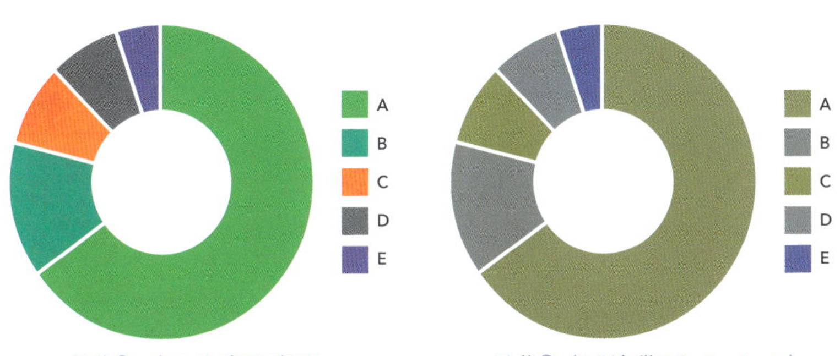

改善①：色の並び順を変更し、境界線（セパレーションカラー）を追加

改善①（D型色覚シミュレーション）

凡例はグラフ内に引き出し線を加えて書き込みます。入り組んだグラフになるほど、離れた場所にある凡例とグラフの中の色の照合が難しくなります。項目の近くにラベルを書くことで、どんな色覚の人にもわかりやすく情報を伝えられます。

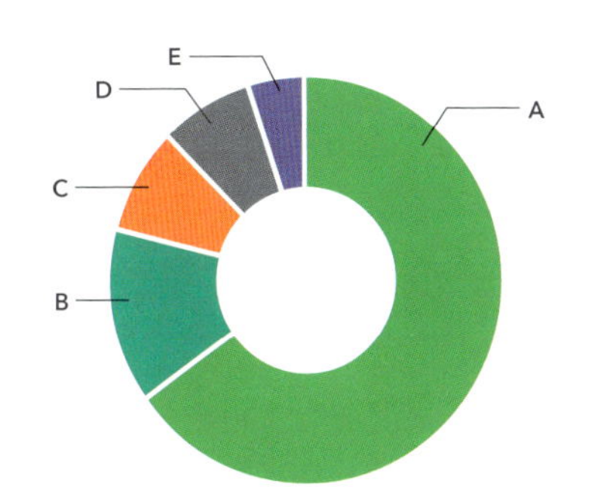

改善②：凡例をグラフ内にラベルとして表記

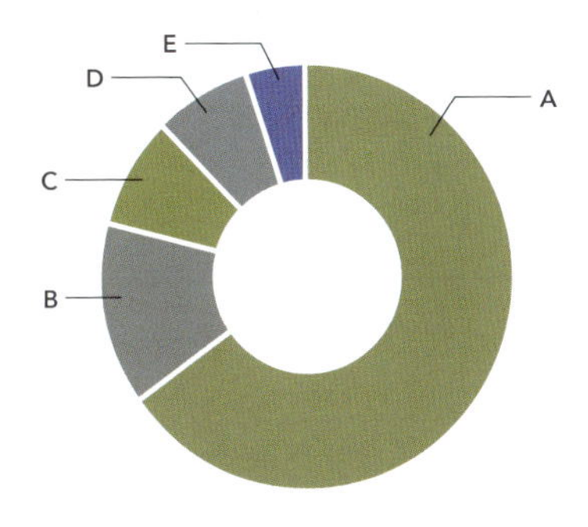

改善②（D型色覚シミュレーション）

グラフの塗り分けは、色だけでなく模様（ハッチング）を加えると、グレースケールでも情報が伝わるようになります。

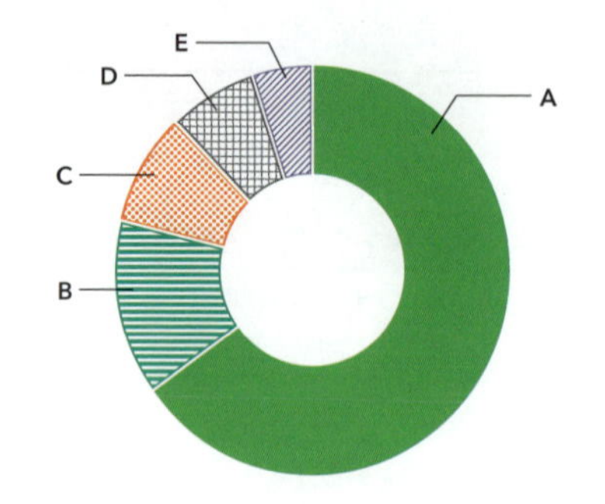

改善③：模様（ハッチング）を追加

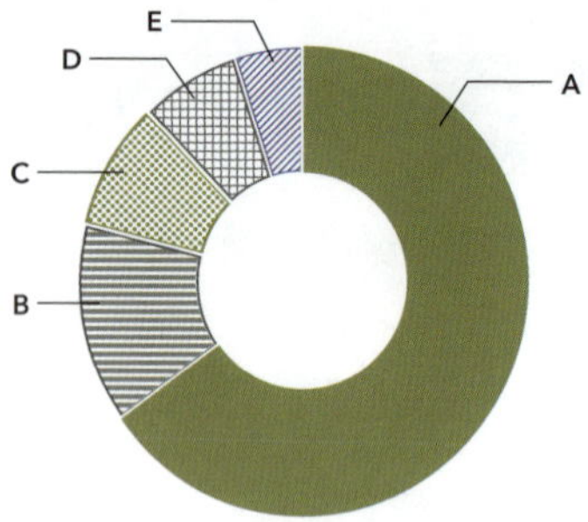

改善③（D型色覚シミュレーション）

あるいは注目してほしい部分とそれ以外でグラフを塗り分けても良いでしょう。視覚的な情報が減って、スッキリと見やすくなります。

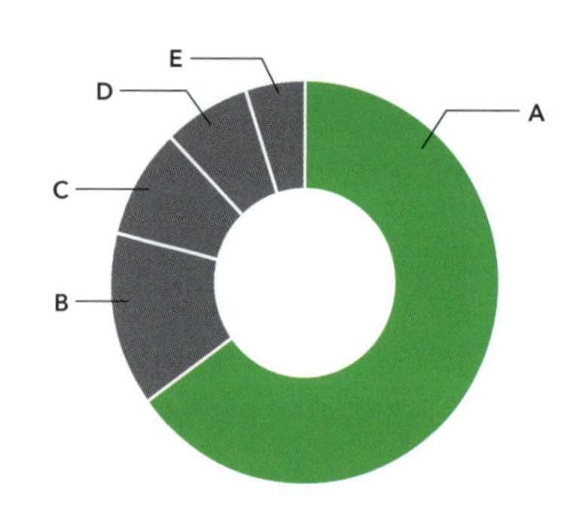

改善④：1色+グレーで表現

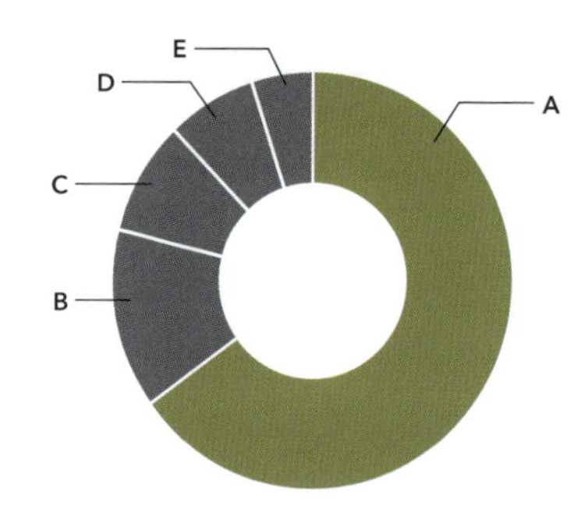

改善④（D型色覚シミュレーション）

このように、グラフひとつとっても、さまざまな改善方法が考えられます。そのグラフで伝えたいことに合わせて、より良い方法を選びましょう。

カラーユニバーサルデザイン推奨配色セット

『カラーユニバーサルデザイン推奨配色セット』は、色覚多様性に対応したカラーパレットです。印刷用、塗装用、画面用のセットが用意されており、それぞれ全20色（塗装用では、代替色2色を含めた合計22色）が次の3つのグループに分類されています。

- **アクセントカラー**：文字やサイン、グラフなど小さな面積を色分けする彩度の高い色
- **ベースカラー**：地図や背景色など広い面積を色分けする明度の高い色
- **無彩色**：パレットの色と合わせて使いやすい2段階のグレーと白・黒

カラーパレットにはできるだけ多くの色を用意するため、やや見分けにくい色の組み合わせも含んでいます。カラーパレットの利用時には『**カラーユニバーサルデザイン推奨配色セットガイドブック**』をご参照ください。

カラーユニバーサルデザイン推奨配色セット制作委員会は次のファイルを公開しています。

- Adobe Illustrator用スウォッチライブラリ
- MicrosoftのWord用、PowerPoint用の見本ファイル

情報を伝える色選びに困ったときに利用してみましょう。

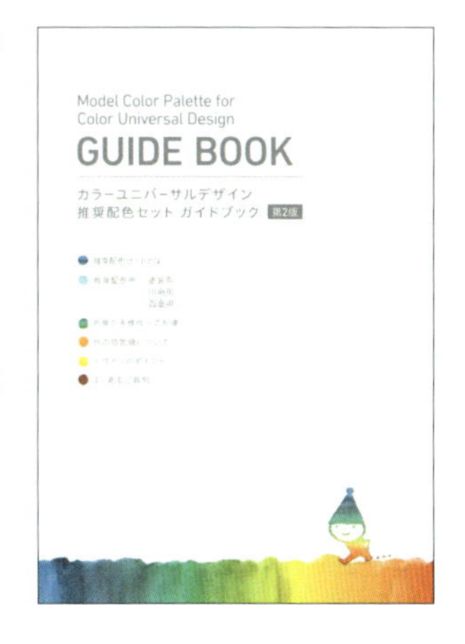

出典：
『カラーユニバーサルデザイン推奨配色セット ガイドブック』第2版
発行年：2018年
発行者：カラーユニバーサルデザイン推奨配色セット制作委員会
https://jfly.uni-koeln.de/colorset/

事例 3 カレンダーの色分け

改善前 ここが困った！

‹ 7月　　2024 **8** Aug　　9月 ›

月	火	水	木	金	土	日
			1	2	3	4
5	6	7	8	9	10	11
12	13	14	15	16	17	18
19	20	21	22	23	24	25
26	27	28	29	30	31	

緑：空室あり　黄：残りわずか　赤：満室

改善前

‹ 7月　　2024 **8** Aug　　9月 ›

月	火	水	木	金	土	日
			1	2	3	4
5	6	7	8	9	10	11
12	13	14	15	16	17	18
19	20	21	22	23	24	25
26	27	28	29	30	31	

緑：空室あり　黄：残りわずか　赤：満室

改善前（P型色覚シミュレーション）

空室状況を色で表現しているカレンダーです。P型色覚の人にとって、「空室あり」の緑と「満室」の赤が見分けにくい色になっています。

ウーゴさん

ホテルを予約したいのに、空室状況がわからない！

改善後　こうしよう！

‹ 7月　2024 **8** Aug　9月 ›

月	火	水	木	金	土	日
			1 ○	2 ○	3 ×	4 △
5 ○	6 ○	7 ○	8 ○	9 ×	10 ×	11 ×
12 △	13 △	14 ○	15 △	16 ×	17 ×	18 △
19 ○	20 ○	21 ○	22 ○	23 ○	24 ×	25 △
26 ○	27 ○	28 ○	29 ○	30 △	31 ×	

○:空室あり　△:残りわずか　×:満室

改善①：空室状況を色+記号で表現

‹ 7月　2024 **8** Aug　9月 ›

月	火	水	木	金	土	日
			1 ○	2 ○	3 ×	4 △
5 ○	6 ○	7 ○	8 ○	9 ×	10 ×	11 ×
12 △	13 △	14 ○	15 △	16 ×	17 ×	18 △
19 ○	20 ○	21 ○	22 ○	23 ○	24 ×	25 △
26 ○	27 ○	28 ○	29 ○	30 △	31 ×	

○:空室あり　△:残りわずか　×:満室

改善①（P型色覚シミュレーション）

空室状況に合わせて記号を加えました。ただし、カレンダーを見て「週末がほぼ埋まっている」と直感的に伝わるような色分けの機能性はありません。

ウーゴさん

記号を一つひとつ追わないといけないのは面倒だな

「空室あり」を表す色を緑から青に変更しました。P型の人も空室状況が色で直感的にわかりやすくなりました。色によるわかりやすさや便利さを誰もが受け取れるようにするのがカラーユニバーサルデザインのポイントです。

‹ 7月　2024 **8** Aug　9月 ›

月	火	水	木	金	土	日
			1 ○	2 ○	3 ×	4 △
5 ○	6 ○	7 ○	8 ○	9 ×	10 ×	11 ×
12 △	13 △	14 ○	15 △	16 ×	17 ×	18 △
19 ○	20 ○	21 ○	22 ○	23 ○	24 ×	25 △
26 ○	27 ○	28 ○	29 ○	30 △	31 ×	

○:空室あり　△:残りわずか　×:満室

改善②：空室ありの色味を変更

‹ 7月　2024 **8** Aug　9月 ›

月	火	水	木	金	土	日
			1 ○	2 ○	3 ×	4 △
5 ○	6 ○	7 ○	8 ○	9 ×	10 ×	11 ×
12 △	13 △	14 ○	15 △	16 ×	17 ×	18 △
19 ○	20 ○	21 ○	22 ○	23 ○	24 ×	25 △
26 ○	27 ○	28 ○	29 ○	30 △	31 ×	

○:空室あり　△:残りわずか　×:満室

改善②（P型色覚シミュレーション）

カラーユニバーサルデザインの3つのポイント

カラーユニバーサルデザイン機構では、色覚多様性に対応したデザインの指針となる「カラーユニバーサルデザインの3つのポイント」を定めています。

a. できるだけ多くの人に見分けやすい配色を選ぶ

例：色味をずらす、色の明度や彩度に差をつける

b. 色を見分けにくい人にも情報が伝わるようにする

例：形や模様、テキストなど色以外の情報を加える

c. 色の名前を用いたコミュニケーションを可能にする

例：色名を記載する

2024年にリニューアルされた仙台市の指定ごみ袋では、この3つのポイントを組み合わせてカラーユニバーサルデザインを実践しています。

- 家庭ごみ（緑）とプラ資源（赤）を見分けやすくするために、家庭ごみの指定袋の緑色を青味の強い緑色に変更
- ごみ袋の種類をキャラクターでも判別できるようにイラストを追加
- 色名・ごみ袋の種類・サイズを袋の持ち手部分に明記

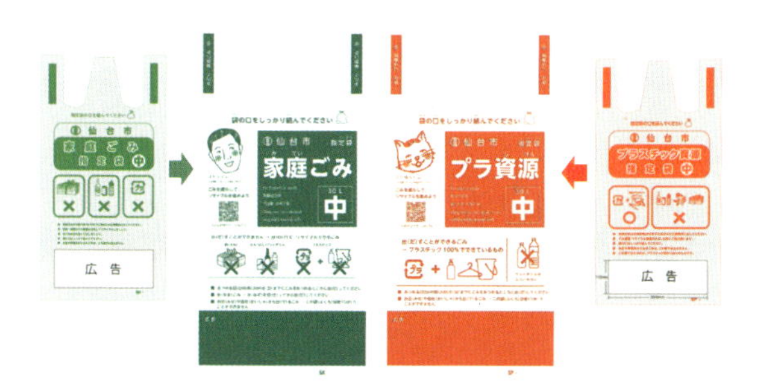

提供：仙台市

そのほかにも、**UDフォント**（093 ページ）を採用したり、5言語の外国語表記を追加したり、ごみの出し方の解説に**やさしい日本語**（127 ページ）を使用するなど、年齢や使用言語に関わらずわかりやすいデザインになっています。

2

色で困った！

2-8 色だけで困った！

改善前 ここが困った！

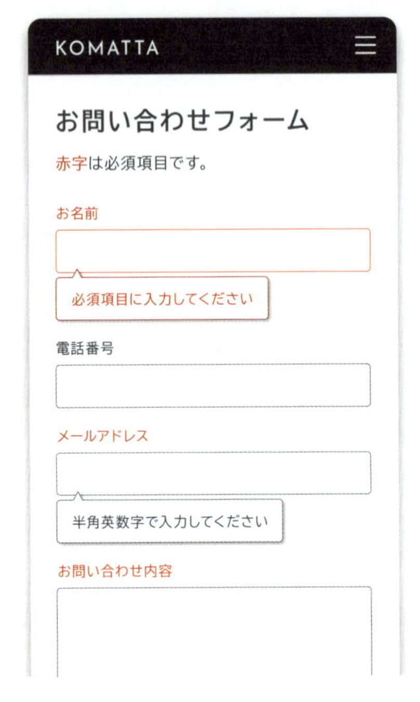

必須項目やエラー箇所、**ツールチップ**（マウスポインターを合わせたり選択したりしたときに表示される補足情報）のメッセージの種類が色だけで表現されています。P型色覚の人には赤を暗く感じるため、黒やグレーとの見分けがつきにくいです。

福吉さん

音声読み上げだと、どれが必須項目かわからない！

ウーゴさん

エラーメッセージなのか説明文なのか紛らわしいな

色だけで表現している情報があると、色が伝わらない状況では情報がわからなくなってしまいます。色以外の手がかりを組み合わせて伝えるのがポイントです。

改善後 こうしよう！

色だけではなく、テキストのラベルやアイコンを加えましょう。複数の手がかりを組み合わせると、より多くの人に確実に情報を届けられるようになります。

必須項目には「必須」のラベルをつけました。エラーメッセージにはアイコンを加えて、他のテキストと区別しました。補足情報やメッセージはツールチップではなく、あらかじめテキストとして表示するとスムーズに入力できます。

コラム　ロゴの色はどうする?

ロゴの色やブランドカラーはどのように決めるのが良いでしょうか。「Logo Lab」では、色覚、サイズ、ぼかしなどロゴのさまざまな見え方をシミュレーションできます。

Logo Lab
https://logolab.app/

色覚シミュレーションが思わぬ結果だったとしても慌てないでください。色覚シミュレーションはあくまで色弱の人の見分けにくい色を見つけるもので、実際の色の見え方を再現するものではありません。ロゴの色は機能的な役割だけでなく、イメージを伝える感性的な役割も担います。フレッシュな果実の色、燃える炎の色、澄んだ空のブルーの色の見え方は、わたしたち一人ひとりの中にあります。その製品やサービスのコンセプトを最も良く伝える色はどんな色でしょうか。

使ってはいけない色はありません。使い方を工夫してみましょう。ロゴやブランドカラーの使用ガイドに見分けにくい色の組み合わせを避ける項目を設けるのもおすすめです。ロゴの色とは別に、情報を伝える要素のコントラストを確保するカラーパレットを用意すると、機能性を保ちながら一貫したイメージを展開できます。

Chapter 3

文字で困った！

わたしたちが日常の中で最も目にする情報メディアは文字です。伝わりやすさを大きく左右する文字の選び方、使い方を学んでみましょう。

3-1 文字の基礎知識

良いフォントって?

誰にとっても読みやすく、どんな場面にもしっくりくるパーフェクトな**フォント**（書体）はあるのでしょうか?

世の中には数えきれないほどたくさんのフォントがあります。パッと目をひくタイトル文字、すらすら読める本文の文字、かわいくポップな印象を与える文字……それぞれが異なった表情をしていて、それぞれに役割やコンセプトをもって作られています。

あア永 あア永 あア永
あア永 あア永 あア永
あア永 あア永 あア永
Aa123 Aa123 Aa123
Aa123 Aa123 Aa123
Aa123 Aa123 Aa123

さまざまな表情のフォント

どんなに優れたフォントでも、選びどころや使い方を誤ると、読みやすさも魅力も半減してしまいます。フォント選びで大切なのは、ひとつのパーフェクトなフォントを使い回すことではなく、目的やシーンに応じて適材適所で使い分けることです。

フォントの種類

一貫したコンセプトで作られた文字の集まりをフォントといいます。日本語のフォントは大きく分けて「明朝体」「ゴシック体」「筆書体」「デザイン書体」に分類できます。

明朝体　ゴシック体　筆書体　デザイン書体

- **明朝体**：線の端や角にウロコと呼ばれる装飾的なエレメントがあるフォントです。横線に比べて縦線が太く、「はね」や「はらい」などに線の強弱があるのが特徴です。
- **ゴシック体**：縦横の線の太さをほぼ同じにデザインしたフォントです。線の端や角を丸くした丸ゴシック体もあります。
- **筆書体**：伝統的な筆文字を再現したフォントです。行書や楷書、隷書をはじめ、髭文字や勘亭流なども筆書体に含まれます。
- **デザイン書体**：タイトル文字やロゴ、POPでの使用を想定した表情豊かなフォントです。

欧文フォントも「セリフ体」「サンセリフ体」「スクリプト体」「装飾体」に大別されます。**セリフ**とは文字の端にある装飾のことで、サンセリフの「サン（sans）」はフランス語で「ない」という意味です。

セリフ体　サンセリフ体　スクリプト体　装飾体

文字の読みやすさ

文字の読みやすさには、視認性、判読性、可読性の3つの軸があります。

フォントを選ぶときは、3つの読みやすさのうちのどれを向上させたいかに注目すると良いでしょう。案内表示やプレゼンのスライドなど「見る文字」には視認性と判読性、本文などの「読む文字」には可読性に優れたフォントを選びます。

これらの3つの読みやすさは文字の扱い方、つまり**文字組み**によっても大きく左右されます。文字サイズ、文字や行の間隔、行の長さや揃え方次第で、文章はぐんと読みやすくなります。

文字のつくり

日本語の文字は**仮想ボディ**と呼ばれる正方形に収まるようにデザインされています。この正方形の大きさが文字サイズにあたります。実際に見える文字の形は仮想ボディより一回り小さく作られており、文字を並べたときに文字同士が接しないようになっています。この領域を**字面**［じづら］といいます。

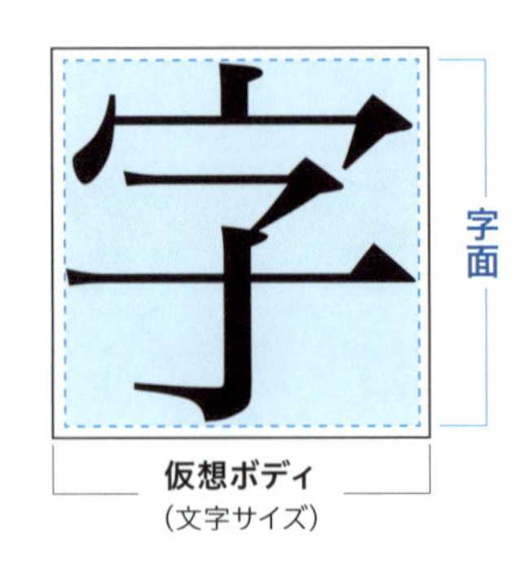

フォントによって字面の大きさは異なるため、同じ文字サイズでも見た目の大きさが異なります。字面が大きなフォントは一つひとつの文字が大きく、ハッキリとした印象を与えます。漢字に対してかなの字面が小さく設計されたフォントは、緩急のリズムがついて文章が読みやすいという特徴があります。

ヒラギノ角ゴ

同じ文字サイズで書体くらべ

そしてジョバンニはすぐうしろの天気輪の柱がいつかぼんやりした三角標の形になって、しばらく蛍のように、ぺかぺか消えたりともったりしているのを見ました。

メイリオ

同じ文字サイズで書体くらべ

そしてジョバンニはすぐうしろの天気輪の柱がいつかぼんやりした三角標の形になって、しばらく蛍のように、ぺかぺか消えたりともったりしているのを見ました。

游ゴシック体

同じ文字サイズで書体くらべ

そしてジョバンニはすぐうしろの天気輪の柱がいつかぼんやりした三角標の形になって、しばらく蛍のように、ぺかぺか消えたりともったりしているのを見ました。

文字の太さのことをウェイトといいます。たくさんのウェイトがあるフォントもあれば、1種類のみのフォントもあります。

ヒラギノ角ゴシック W0
ヒラギノ角ゴシック W1
ヒラギノ角ゴシック W2
ヒラギノ角ゴシック W3
ヒラギノ角ゴシック W4
ヒラギノ角ゴシック W5
ヒラギノ角ゴシック W6
ヒラギノ角ゴシック W7
ヒラギノ角ゴシック W8
ヒラギノ角ゴシック W9

メイリオ Regular
メイリオ Bold

欧文フォントではイタリック体やコンデンス、エキスパンドなどのバリエーションをもつものもあります。このようなフォントのバリエーションの集まりをファミリーと呼びます。

Futura Now Thin	*Italic*	Condensed
Futura Now Light	*Italic*	Condensed
Futura Now Regular	*Italic*	Condensed
Futura Now Medium	***Italic***	**Condensed**
Futura Now Bold	***Italic***	**Condensed**

ワンポイント

文書作成ソフトなどでウェイトのバリエーションをもたないフォントに「B（ボールド）」ボタンで太字を指定すると、機械的に文字を太くする処理が行われます。

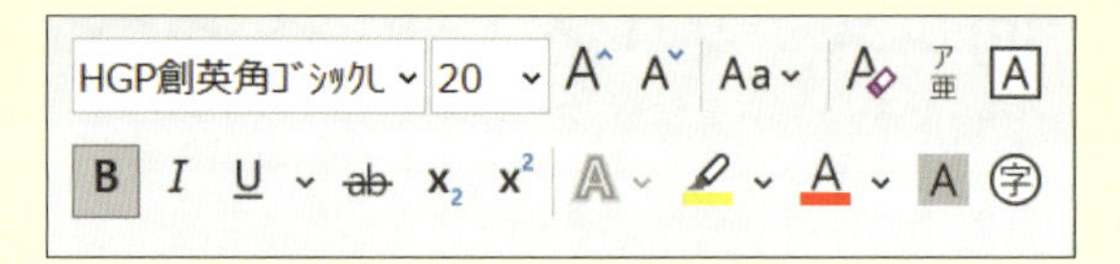

機械的な太字　機械的な太字

「B」ボタンで指定した太字（右）は文字の込み入った部分がつぶれて読みにくい

機械的に太らせた文字は、文字をずらして重ねたり、輪郭線を加えたりするため読みにくくなります。複数のウェイトをもつフォントを使うか、あるいは手動で別の太いフォントを指定しましょう。

また、斜体が含まれない日本語フォントを「I（イタリック）」ボタンで機械的に傾けると、文字の形がゆがんで読みにくくなります。

機械的なイタリック

読みにくさを知る

ふだん何気なく行っている「文字を読む」という行為は、文字を目で追って形を認識し、音に変換して意味と結びつけて理解するプロセスを経て成り立っています。文字の形を捉える視覚や、文字を音に結びつけて理解する音韻〔おんいん〕処理に困難がある場合、読みにくさが生じます。

近視や遠視、乱視、老眼では、目の焦点が合わせにくくなります。文字の込み入った部分がつぶれたり、ぼやけて見えて、文字の形が認識しにくくなります。画数の多い漢字や小さな文字はとくに読みにくくなります。

白内障では、目に入った光が散乱してまぶしく感じられ、細い線が光に埋もれて文字の形が捉えにくくなることがあります。同じような読みにくさを感じる**ロービジョン**の人もいます。

元の形　焦点ずれ　光量過多

視野の一部が欠ける視野欠損や文字サイズが小さい場合は、読み間違いが起こりやすくなります。半濁点と濁点（例：ぱとば）、数字の3と8、アルファベットのRとB、OとCとGなどのシルエットが似ている文字は注意が必要です。

ぱば S38 RB OCG

ぱば S38 RB OCG

シルエットの似ている文字は、ぼやけていたり一部が隠れたりすると読み間違いやすい

アーレンシンドロームでは、光に対して反応が過敏になり、不快感や疲れを感じたり、頭痛やめまいなどが起こる症状があります。文字がチカチカしたり文章が揺れて動いて見え、読むことが非常に難しくなります。その人に合ったカラーレンズやフィルムを使い、目に入る光の量を調節することが有効とされています。

そしてジョバンニはすぐうし
ろの天気輪の柱がいつかぼん
やりした三角標の形になって
しばらく蛍のように、ぺかぺ
か消えたりともったりしてい
るのを見ました。

そしてジョバンニはすぐうしろ
の天気輪の柱がいつかぼんや
りした三角標の形になってし
ばらく蛍のように、ぺかぺか
消えたりともったりしているの
を見ました。

そしてジョバンニはすぐうし
ろの天気輪の柱がいつ かぼん
やりした三角標の形になって
しばらく蛍のように、ぺかぺ
か消えたりともったりしてい
るのを見ました。

Irlen Syndrome Sample Print Distortions をもとに作成したシミュレーション
https://youtu.be/FARizLljRkc

学習障害のひとつである**ディスレクシア**を抱える人は、日本の人口の5～8%、欧米では10%～15%と言われています。音韻処理に困難があり、文字を読むのに時間がかかったり誤読が起こりやすかったりするため、読み書きが難しくなります。このような困りごとの解決策としては、その人にとって読みやすいフォントや文字組みを選んだり、音声で聞いて理解したりするといった方法があります。

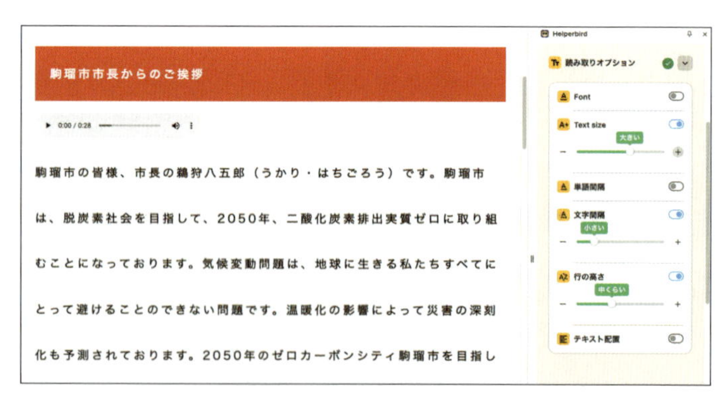

ブラウザの拡張機能 Helperbird
フォントや字間、行間を変更したり、テキストを音声で読み上げたりできます
https://www.helperbird.com/

UDフォント

高齢化が進み、文字の読みにくさを抱える人が増える一方で、身の回りの製品の小型化、多機能化によって小さなスペースにたくさんの情報を載せる必要が出てきました。そこで生まれたのが**UDフォント**（ユニバーサルデザインフォント）です。

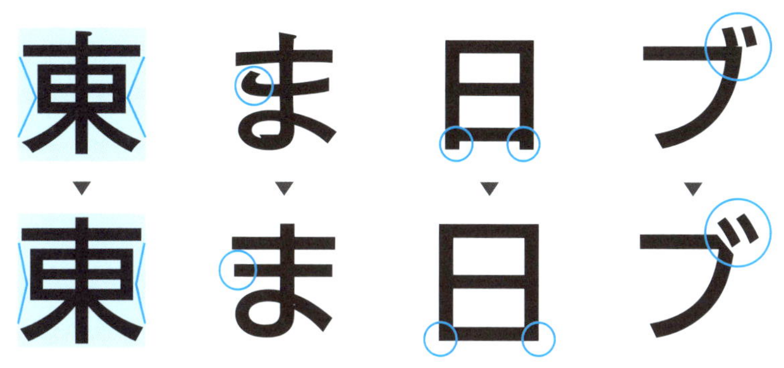

ふところを広く　シンプル化　飛び出しの削除　つぶれ対策

UDフォントは文字をデザインする正方形のスペースの中で、なるべく字面が大きくなるように設計されています。文字の形が複雑になるエレメントを排除する、開口部を大きく開いて**アキ**を確保する、**ふところ**を広くとるなど、視認性を高める工夫がされています。また、1文字1文字を独立したシルエットにすることで、読み間違いが起こりにくいようになっています。

S3569 RBOCG

▼ ▼

S3569 RBOCG

開口部が広い　シルエットが独立している

UDフォントが使えない場合でも、字面が大きく、開口部が大きく開いていて、文字の形が独立しているフォントを選ぶと良いでしょう。

ただし、UDフォントを使えばどんな場面でも読みやすくなるとは限りません。UDフォントは字面が大きく設計されているため、文章として文字を並べたときに窮屈で読みにくさを感じることがあります。広報誌や新聞など可読性が求められる場面では、漢字に対して仮名を小さめに設計された本文用のフォントを使うことを検討してみましょう。

UD角ゴ_ラージ 見出し用

そしてジョバンニはすぐうしろの天気輪の柱がいつかぼんやりした三角標の形になって、しばらく蛍のように、ぺかぺか消えたりともったりしているのを見ました。それはだんだんはっきりして、とうとうりんとうごかないようになり、濃い鋼青のそらの野原にたちました。いま新らしく灼いたばかりの青い鋼の板のような、そらの野原にまっすぐにすきっと立ったのです。

UD角ゴ_スモール 本文用

そしてジョバンニはすぐうしろの天気輪の柱がいつかぼんやりした三角標の形になって、しばらく蛍のように、ぺかぺか消えたりともったりしているのを見ました。それはだんだんはっきりして、とうとうりんとうごかないようになり、濃い鋼青のそらの野原にたちました。いま新らしく灼いたばかりの青い鋼の板のような、そらの野原にまっすぐにすきっと立ったのです。

フォントワークスの「UD角ゴ_スモール」は、見出し用の「UD角ゴ_ラージ」をベースに長文用としてリデザインされた書体です。同じ文字サイズ・同じ行間の文章でも、フォントによってずいぶん印象が異なることがわかります。

町田さん

フォントの種類で読みやすさが変わるんですね。
どれが読みやすいか、娘にも聞いてみます！

コラム UDデジタル教科書体

教科書体は、こどもや日本語学習者が手書き文字の形や書き順を学ぶためにデザインされた書体です。筆書きの楷書をベースにした従来の教科書体は線の強弱が大きく、弱視（メガネをかけても視力がとても低い状態）の人には細い部分が読みにくい問題がありました。また、通常のゴシック体や明朝体では、学習指導要領と異なる字形があり、教育現場で教えにくいという声がありました。

そこでUDデジタル教科書体では、書写の書き方を表す形状を保ちながら、線の強弱を抑えたデザインが考案されました。筆文字由来の装飾的なエレメントを省いたことで、弱視だけでなくディスレクシアなど、読み書きに困難さを抱える人にとっても読みやすい教科書体になりました。

英語学習教材に適した欧文書体や、算数・理科学習に必要な数学記号や単位を含む学習記号専用書体、国語のひらがな・漢字指導に便利な筆順フォントなど、こどもたちの学びをフォントでサポートするラインナップが開発されています。

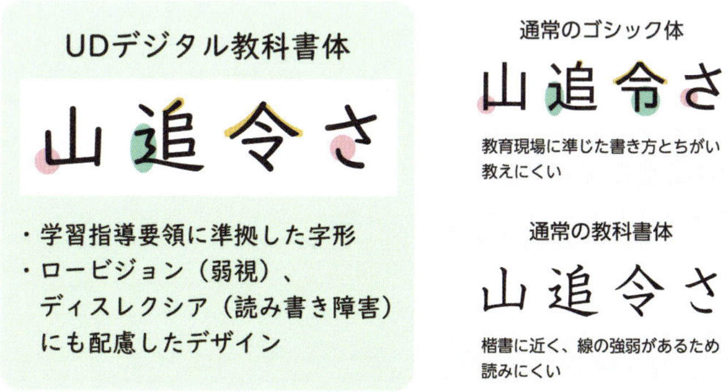

UDデジタル教科書体
https://www.morisawa.co.jp/topic/upg201802/

行間と行長

行と行の間隔のことを**行間**、前の行の中心から次の行の中心までの距離を**行送り**と呼びます。行間は読みやすさに大きな影響を与えます。

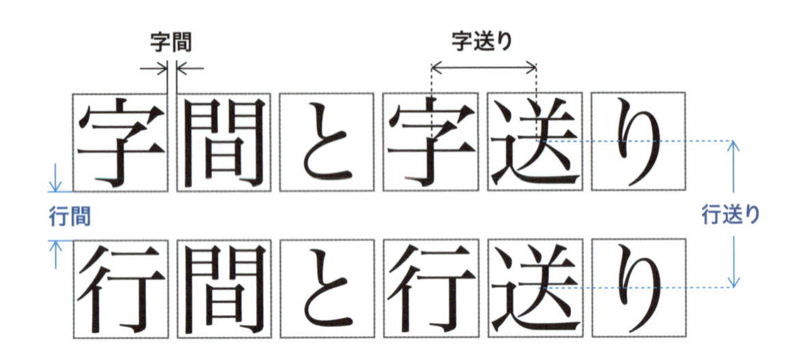

適切な行間は行の長さ（1行あたりの文字数）に比例します。**40字詰**（1行あたり40文字）でちょうどよく感じられた行間が、15字詰では開きすぎて見えることがあります。

1行あたり15字	行間	1行あたり40字
市内に住民登録をされている特別永住者の方で、お持ちの特別永住者証明書の有効期間が満了する方は、中央窓口センターで期間更新の申請が必要です。中長期在留者の方は、出入国在留管理局へ届出	文字サイズの **50%**	市内に住民登録をされている特別永住者の方で、お持ちの特別永住者証明書の有効期間が満了する方は、中央窓口センターで期間更新の申請が必要です。中長期在留者の方は、出入国在留管理局へ届出をしてください。申請期間は、有効期間満了日の2ヶ月前から有効期間満了日まで。16歳未満の方は、16歳の誕生日の6ヶ月前から誕生日当日まで。原則として本人が申請する必要があります。ただし、本人が16歳未満の場合及び疾病その他の理由により申請できない場合は、16歳以上の同居の親族が代理で申請してください。
市内に住民登録をされている特別永住者の方で、お持ちの特別永住者証明書の有効期間が満了する方は、中央窓口センターで期間更新の申請が必要です。中長期在留者の方は、出入国在留管理局へ届出 ちょうどよい	文字サイズの **75%**	市内に住民登録をされている特別永住者の方で、お持ちの特別永住者証明書の有効期間が満了する方は、中央窓口センターで期間更新の申請が必要です。中長期在留者の方は、出入国在留管理局へ届出をしてください。申請期間は、有効期間満了日の2ヶ月前から有効期間満了日まで。16歳未満の方は、16歳の誕生日の6ヶ月前から誕生日当日まで。原則として本人が申請する必要があります。ただし、本人が16歳未満の場合及び疾病その他の理由により申請できない場合は、16歳以上の同居の親族が代理で申請してください。
市内に住民登録をされている特別永住者の方で、お持ちの特別永住者証明書の有効期間が満了する方は、中央窓口センターで期間更新の申請が必要です。中長期在留者の方は、出入国在留管理局へ届出	文字サイズの **100%**	市内に住民登録をされている特別永住者の方で、お持ちの特別永住者証明書の有効期間が満了する方は、中央窓口センターで期間更新の申請が必要です。中長期在留者の方は、出入国在留管理局へ届出をしてください。申請期間は、有効期間満了日の2ヶ月前から有効期間満了日まで。16歳未満の方は、16歳の誕生日の6ヶ月前から誕生日当日まで。原則として本人が申請する必要があります。ただし、本人が16歳未満の場合及び疾病その他の理由により申請できない場合は、16歳以上の同居の親族が代理で申請してください。 ちょうどよい

行揃え

横書きの文章では左揃え、縦書きの文章では**上揃え**が基本です。

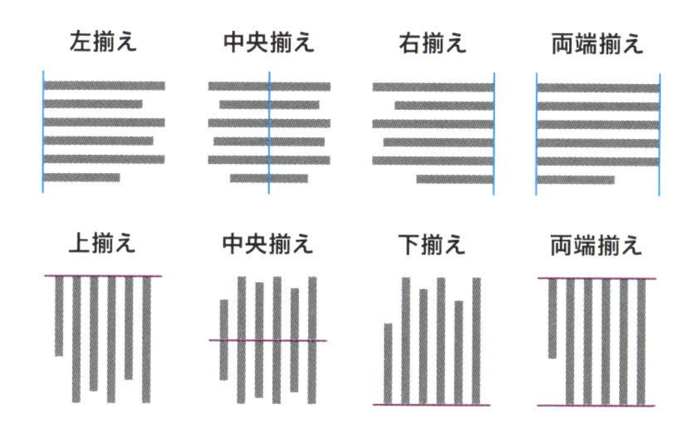

短いテキストには中央揃えや右揃えを印象的に使える場面もありますが、1行あたりの文字数をコントロールできない場合は、意図しない位置で行が折り返されて読みにくくなります。

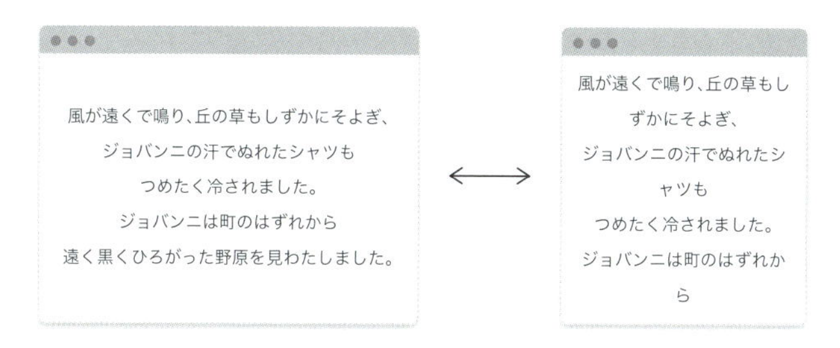

中央揃えの文章が、画面幅によって意図しない位置で折り返される例

段落に両端揃えを設定する場合は、単語間や文字間に意図しないアキができていないか注意しましょう。閲覧環境によって行の幅が変わるウェブページでは、両端揃えは避けるのがおすすめです。

WCAG 2.1 は、2008 年 12 月に W3C 勧告 と し て 発 行 さ れ た、Web Content Accessibility Guidelines 2.0 を拡張するものである。

両端揃えの文章で、単語間や文字間に意図しないアキができている例

3-2 小さくて困った！

事例 1 対象者に合っていない文字サイズ

改善前 ここが困った！

小さな文字は読みにくい

文子さん

文字が小さくって虫眼鏡が必要です

「新聞の文字がかすんで見える」「スマートフォンを遠ざけないと読めない」など、加齢による視力の変化は誰にでも起こるものです。**老眼**では焦点を合わせる力が弱くなり、近くの文字が見えにくくなります。

むかしむかし、あるところにおじいさんとおばあさんがすんでいました。
ふたりにはこどもがいなかったのでかみさまにおねがいしました。
「かみさま、おやゆびくらいの小さい小さいこどもでもけっこうです。
わたしたちにこどもをさずけてください」
するとほんとうに、小さな小さなこどもが生まれたのです。
ちょうど、おじいさんのおやゆびくらいの男の子です。
ふたりはさっそく、いっすんぼうしという名まえをつけてやりました。

ケイくん

これは大人の本かな？

文字を読むことに慣れていないこどもにとって、小さな文字で書かれた文章は自分向けでないと感じられてしまいます。大人でも、小さすぎる文字の文章は「読まなくてもよいもの」として扱われることがあります。まずは対象者に読む気になってもらうことも大切です。

小さな文字は誰にとっても読みにくいものです。適切な文字サイズは、読む人の年齢、媒体、見る距離や環境によって異なります。

改善後 こうしよう！

適切な文字サイズを選択するためには、原寸大で確認することが欠かせません。ポスターやPOPなどの掲示物は、実際の環境に貼って周囲の照明や見る距離と合わせてチェックしましょう。

最適な文字サイズを決めるための指針を紹介します。

JIS S 0032:200「**高齢者・障害者配慮設計指針—視覚表示物—日本語文字の最小可読文字サイズ推定方法**」では、年齢（10歳～80歳）、視距離、輝度、文字の種類（明朝体、ゴシック体、漢字、かな）等における可読文字サイズの指針が示されています。

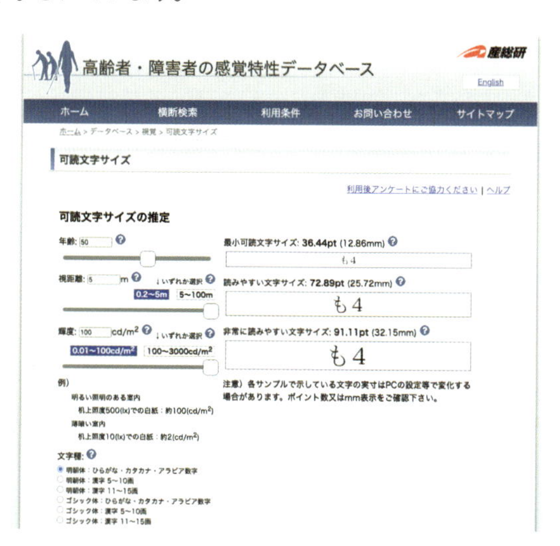

高齢者・障害者の感覚特性データベース
JIS S 0032:2003に基づいた計算式で可読文字サイズを算出できます
http://scdb.db.aist.go.jp/db/vision/charsize.html

こども向けの文章では、対象学年の教科書の文字サイズを参考にすると良いでしょう。

するとほんとうに、小さな小さなこどもが生まれたのです。
ちょうど、おじいさんのおやゆびくらいの男の子です。

18ポイントの文章（小学3〜4年生）

文部科学省では、弱視児童・生徒のための**拡大教科書**の文字サイズについて、次のような規格を定めています。

版の大きさ	本文サイズ	
	小学校3年まで	小学校4年以上
基準の版	26ポイント程度	22ポイント程度
拡大版（基準の版の1.2倍程度）	30ポイント程度	26ポイント程度
縮小版（基準の版の0.8倍程度）	22ポイント程度	18ポイント程度

文部科学省「拡大教科書の標準的な規格について」
https://www.mext.go.jp/a_menu/shotou/kyoukasho/1282361.htm

WCAG（Web Content Accessibility Guidelines）（067ページ参照）では、ウェブコンテンツの標準の文字サイズを16pxとしています。**デジタル庁デザインシステム**でも、本文やUIの文字サイズは16pxを基準値としており、14px未満の文字サイズの使用は原則として認めていません。

デジタル庁デザインシステム「タイポグラフィ」
https://design.digital.go.jp/foundations/typography/

事例 2 変更できない文字サイズ

改善前 ここが困った！

ウェブサイトや**リフロー型**の電子書籍などのデジタル媒体では、見る人が読みやすい文字サイズやフォント、色を設定できます。スマートフォンなどのタッチデバイスでは、ピンチアウトをして画面を拡大したことのある方も多いでしょう。ブラウザや端末の設定で文字サイズを変更している人もいれば、さらに大きく拡大する**支援技術**を使っている人もいます。

サイトやアプリ側で拡大機能を使えないような設定をしていると、利用者が読みたい部分を拡大できずに困ってしまいます。

iPhoneのアクセシビリティ設定画面

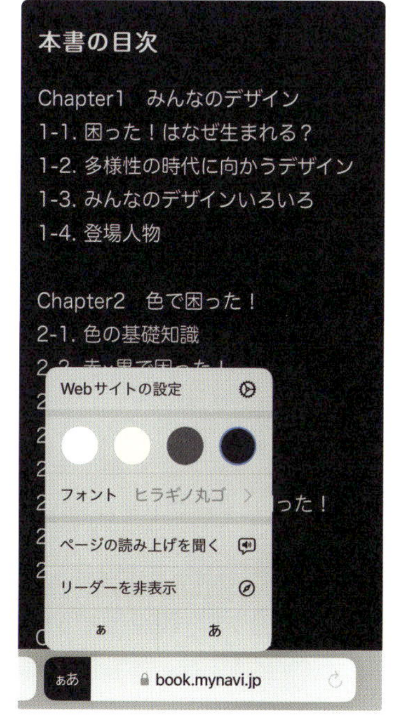

iOS Safariのリーダーモード
文字サイズ、背景色、フォントを変更できます

レイアウトや行間が固定されていると、文字だけが拡大されて、文章が重なったりはみ出したりして、読めなくなる場合があります。

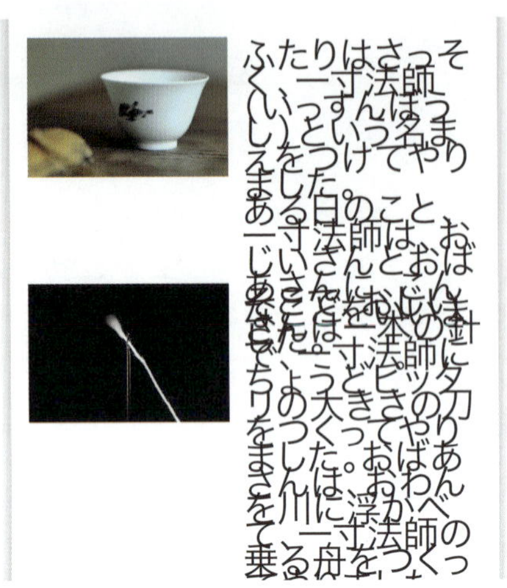

福吉さん

文字を大きくしたら読めなくなっちゃった

レイアウトや行間が固定されているため、
フォントサイズを大きくしたときに文字が重なってしまった例

改善後　こうしよう！

見る人が自分に合わせて文字サイズを調整できるのは、デジタル媒体の強みです。一人ひとりが自分にとって読みやすい方法を選べる状態にしておくことが、ウェブの特性を活かした**タイポグラフィ**のあり方といえます。意図せず機能を制限していないか、拡大表示をしても問題なく文章が読めるかを検証しましょう。

デバイスや画面サイズなど見る人の環境や設定に応じてレイアウトを最適化する**レスポンシブウェブデザイン**にすると、文字を拡大縮小しても快適にコンテンツを閲覧できます。

ふたりはさっそく、一寸法師（いっすんぼうし）という名まえをつけてやりました。
ある日のこと、一寸法師は、おじいさんとおばあさんに、こんなことをいいました。

レスポンシブウェブデザインで
拡大表示に対応した例

コラム　文字サイズ変更ボタンは必要?

自治体や公共機関のウェブサイトに**文字サイズ変更ボタン**や配色変更ボタン、読み上げ機能が付いているのをよく見かけます。ウェブアクセシビリティに対応するためには必須の機能と思われがちですが、実はそうではありません。

デジタル庁のウェブアクセシビリティ導入ガイドブックでは、次のような理由から、文字サイズや配色の変更、読み上げプラグインの利用は非推奨としています。

> 支援技術が必要な利用者は、既にOSの支援技術、アプリの支援技術、ブラウザの機能拡張を使っていることが多いため、サイトで支援技術を提供すると過剰対応になってしまいます。また、利用者がサイトを閲覧するときに、サイトに支援技術の機能を実装してアクセシビリティを高めても、他のサイトでは使えないので効果は極めて限定的です。どのサイトも同様の支援技術を用いて閲覧できることを目指すべきです。
>
> **デジタル庁「ウェブアクセシビリティ導入ガイドブック」**

https://www.digital.go.jp/resources/introduction-to-web-accessibility-guidebook

ブラウザや支援機能が提供する機能と重複したものをサイト独自に開発する必要はありません。閲覧環境についてよく知り、必要性をよく考慮したうえでサイトに導入すべきかを検討しましょう。

文字サイズ変更ボタンを導入する場合、次の点を確認しましょう。

- 十分なサイズ（200%程度）まで段階的に拡大できるか
- キーボードでも操作できるか
- 画像も拡大できるか
- 拡大時にも問題なくコンテンツが利用できるか

3-3 読み間違えて困った！

改善前　ここが困った！

コンパクト2WAYバッグ

税込 **¥16,800**

色	申込番号
キャメル	5600117
ブラック	6500118
ブルー	6600119

●材質：牛革 ●サイズ＝幅16×高18×奥5cm ●重さ＝約350g ●ショルダーベルト長さ＝約91cm ●開閉：マグネット ●中国製

開口部の狭い数字が使われています

カタログや雑誌など紙面の限られた媒体では、商品の詳細な説明やスペック表、注意書きが小さなサイズで表示されていることが多いです。店頭POPや案内表示は、手前の物や人で隠れてしまうこともあります。このような場面では誤読が起こりやすくなります。

文子さん

通販でサイズを間違えて買っちゃった

小さな文字や慌てているときなど、読み間違いは誰にでも起こるものです。読み間違いが重大な問題になりうる場面では、判読性の高いフォントを選びましょう。

改善後　こうしよう！

コンパクト2WAYバッグ

税込 **¥16,800**

色	申込番号
キャメル	5600117
ブラック	6500118
ブルー	6600119

●材質：牛革 ●サイズ＝幅16×高18×奥5cm ●重さ＝約350g ●ショルダーベルト長さ＝約91cm ●開閉：マグネット ●中国製

UDフォントに置き換えました

サイズや価格などの読み間違えると困ってしまう場面では、判読性の高いフォントを選びましょう。幅広い年齢層の人が利用する媒体や表示では、UDフォントを使うのも良いでしょう。同じ文字サイズでも大きくはっきりと見えやすくなります。

1234567890　1234567890

1234567890　1234567890

開口部の広いフォントは、小さな文字がぼやけて見えるときにも見分けやすいです

3

文字で困った！

紙面の印象を決めるタイトルやキャッチコピーには世界観をあらわすフォントを使いつつ、スペック表や注釈などの文字はUDフォントを使っても良いでしょう。

視認性と判読性を考慮して開発されたUDフォントは、次のような場面でも効果が期待できます。

- **案内表示、標識**：遠くからでも正しく読めることが求められる
- **食品や薬品の成分表示**：限られたスペースに多くの情報を掲載する
- **役所や病院などの書類**：さまざまな人が生活の重要な場面で利用する
- **金融・保険の契約書**：お金や数量など間違えてはいけない数字を扱う
- **取扱説明書、注意書き**：利用者の安全に関わる
- **広報誌、新聞**：公共性が高く、幅広い層の人が読む

ただし、字面の大きなUDフォントは可読性にやや劣ることもあります。長文の読みやすさを確保したい場面には、別のフォントも検討してみましょう。

改善前　ここが困った！

線の強弱が強い数字が使われています

改善後　こうしよう！

判読性が高く、明快な形状のフォントに置き換えました。

3-4 細くて困った！

改善前　ここが困った！

教科	得点	平均点	偏差値	順位
5教科	362／500	328.2	53.2	1199位
国語	76／100	64.3	52.4	1328位
算数	64／100	62.1	51.9	1305位
理科	68／100	60.2	53.2	1185位
社会	72／100	63.5	54.5	1035位
英語	82／100	67.5	52.8	1216位

町田さん

娘の成績表がすっごく読みにくいの

福吉さん

光に紛れて文字が読めない！

数字の太い線と細い線の強弱が大きく、チラついて見えます。明朝体は縦線に対して横線が細く、線に強弱があるのが特徴です。太字にしても横線の細さがほとんど変わらないフォントもあり、小さな文字サイズでは視認性が落ちやすいです。光をまぶしく感じる症状のロービジョンの人や白内障の人にとって、細い線は光に埋もれて文字の形が認識しにくくなります。

明朝体の縦線と横線
明朝体の縦線と横線
明朝体の縦線と横線

うろこ

かどうろこ

また、**はねやはらい**の形状や“ウロコ”と呼ばれる装飾的なエレメントが気になって読みにくいと感じる人もいます。

太字は画数の多い字や小さな文字がつぶれやすいですが、細すぎる文字も読みにくい場合があります。利用シーンに合わせてフォントやウェイトを選びましょう。

改善後　こうしよう！

教科	得点	平均点	偏差値	順位
5教科	362/500	328.2	53.2	1199位
国語	76/100	64.3	52.4	1328位
算数	64/100	62.1	51.9	1305位
理科	68/100	60.2	53.2	1185位
社会	72/100	63.5	54.5	1035位
英語	82/100	67.5	52.8	1216位

フォントをBIZ UDゴシックに変えました。
BIZ UDゴシックはWindows 10のOctober 2018 Updateで標準搭載となったフォントです

小さな文字や視認性を上げたい場面では、線の太さが均一なゴシック体を選びましょう。数字は開口部が大きなフォントを選ぶと判読性が高まります。

成績表のように数字を並べる場面では、**等幅フォント**を使うことで桁が揃い、数値が読み取りやすくなります。

フォントの種類12345ABCdef

BIZ UDゴシック　漢字・かなは全角、英数字は半角の等幅で表示される

フォントの種類12345ABCdef

BIZ UDPゴシック　かな、英数字の文字幅が文字ごとに異なる

3-5 変形で困った！

事例 1 圧縮されすぎた文字

改善前 ここが困った！

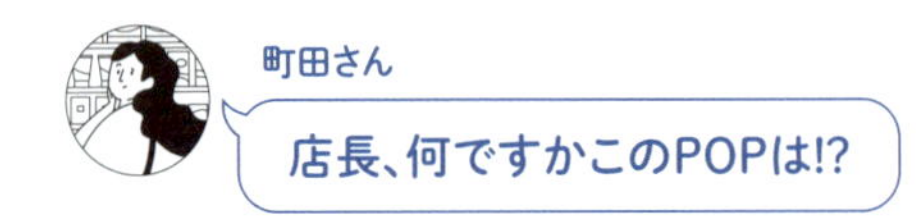

長いキャッチコピーが圧縮されてしまったようです。文字の形を圧縮して縦長にすることを**長体**［ちょうたい］、平たくすることを**平体**［へいたい］といいます。これは極端な例ですが、長体や平体をかけすぎると、縦横の線のバランスが歪んで文字の形が認識しにくくなります。

掲示物やサインなど、真正面以外からも見られるものはさらに歪んで見える可能性があります。

テキストがスペースに収まらないときや目立たせたいとき、ついつい文字を圧縮したり装飾しすぎてしまうことがあります。しかし文字を変形しすぎると、肝心の読みやすさが損なわれてしまいます。

改善後　こうしよう！

80％以上の長体や平体が必要な場合は、文字サイズを小さくするか改行を検討しましょう。掲載する情報を取捨選択したり、言い回しを工夫したり、テキスト量を調整したりすることも効果的です。

ワンポイント

スペースを節約するために半角のカタカナが使われる場合があります。半角カタカナは、全角文字を扱えないコンピュータや機器で日本語を表すために用いられていました。文字の形が認識しにくいため、人に読んでもらうテキストには半角カタカナは使わないほうが良いでしょう。

ﾌｧｲﾝｴﾅｼﾞｰﾄﾞﾘﾝｸ新発売

コンデンスフォントの活用

コンデンスフォントは、基準となるフォントに比べて横幅を狭く設計したフォントです。長体率に応じて縦横の線のバランスや骨格をデザインされているため、文字サイズや視認性を保ちながら多くの情報を掲載できます。食品の成分表示など、限られたスペースに多くの情報を載せる必要がある場合には、コンデンスフォントを利用するのも良いでしょう。

名称：炭酸飲料／原材料名：砂糖類（砂糖、ぶどう糖）、L-カルニチン、塩化ナトリウム、ガラナ種子エキス、クエン酸、香料、甘味料（D-リボース、スクラロース）、アルギニン、保存料（安息香酸）、カフェイン、ナイアシン、着色料（アントシアニン）、イノシトール、ビタミンB1、ビタミンB2、ビタミンC／内容量：180ml／賞味期限：キャップに記載／保存方法：高温、直射日光を避け、涼しい場所に保管してください。販売者：ファインエナジージャパン株式会社

場所

UD新ゴに65%の長体変形をかけた例
縦線が細くなり、文字のバランスが崩れています

名称：炭酸飲料／原材料名：砂糖類（砂糖、ぶどう糖）、L-カルニチン、塩化ナトリウム、ガラナ種子エキス、クエン酸、香料、甘味料（D-リボース、スクラロース）、アルギニン、保存料（安息香酸）、カフェイン、ナイアシン、着色料（アントシアニン）、イノシトール、ビタミンB1、ビタミンB2、ビタミンC／内容量：180ml／賞味期限：キャップに記載／保存方法：高温、直射日光を避け、涼しい場所に保管してください。販売者：ファインエナジージャパン株式会社

場所

UD新ゴをベースにした「UD新ゴ コンデンス60」

事例2 装飾されすぎた文字

改善前 ここが困った！

新製品のご案内

大川さん

目立たせたくてワードアートを使ってみたけど、
読みにくいし、イケてない気がする

ドロップシャドウ、反射、3D効果、変形……装飾しすぎてしまいました。

文書作成ソフトやデザインツールには、ワンクリックで文字にさまざまな装飾をする機能があります。賑やかで目を引く反面、文字の変形や色使いによってはかえって読みにくくなることもあります。

改善後 こうしよう！

文字サイズや余白の取り方を工夫すると、シンプルな装飾でも十分に目立って見えます。

新製品のご案内　新製品のご案内

新製品のご案内　「新製品のご案内」

3-6 ぎゅうぎゅうで困った！

改善前　ここが困った！

市内に住民登録をされている特別永住者の方で、お持ちの特別永住者証明書の有効期間が満了する方は、中央窓口センターで期間更新の申請が必要です。中長期在留者の方は、出入国在留管理局へ届出をしてください。申請期間は、有効期間満了日の2ヶ月前から有効期間満了日まで。16歳未満の方は、16歳の誕生日の6ヶ月前から誕生日当日まで。原則として本人が申請する必要があります。ただし、本人が16歳未満の場合及び疾病その他の理由により申請できない場合は、16歳以上の同居の親族が代理で申請してください。申請後、「特別永住者証明書交付予定通知書」をお渡しします。指定した期間中に現在お持ちの特別永住者証明書とあわせてお持ちの上、お受け取りください。新しい特別永住者証明書は、3週間程度でお渡しできます。

行間を文字サイズの20％に設定した例

行間は文章の読みやすさに大きな影響を与えます。行間が狭いと、前後の文が干渉するため可読性が低下します。字面の大きなUDフォントはとくに注意が必要です。

ウーゴさん

この書類はちょっと読む気になれませんね

ワンポイント

行間は広すぎても文章が分断されて見えてしまいます。1行あたりの文字数が少ない本文では、文字サイズの50％程度の行間にすると良いでしょう。

STOP! 駆け込み乗車

駆け込み乗車は大変危険

ですのでおやめください

ドアが閉まりかけたら

次の電車をお待ちください

▶

STOP!
駆け込み乗車

駆け込み乗車は大変危険
ですのでおやめください
ドアが閉まりかけたら
次の電車をお待ちください

ぎゅうぎゅうに詰まった文章は読みにくいだけでなく、そもそも読む気がそがれてしまいます。文章の量や1行あたりの文字数に合わせて適切な行間を設定しましょう。

改善後 こうしよう！

市内に住民登録をされている特別永住者の方で、お持ちの特別永住者証明書の有効期間が満了する方は、中央窓口センターで期間更新の申請が必要です。中長期在留者の方は、出入国在留管理局へ届出をしてください。申請期間は、有効期間満了日の2ヶ月前から有効期間満了日まで。16歳未満の方は、16歳の誕生日の6ヶ月前から誕生日当日まで。原則として本人が申請する必要があります。ただし、本人が16歳未満の場合及び疾病その他の理由により申請できない場合は、16歳以上の同居の親族が代理で申請してください。申請後、「特別永住者証明書交付予定通知書」をお渡しします。指定した期間中に現在お持ちの特別永住者証明書とあわせてお持ちの上、お受け取りください。新しい特別永住者証明書は、3週間程度でお渡しできます。

行間を文字サイズの75％に広げました。

日本語の本文では、文字サイズの50％～100％を目安に行間を設定すると読みやすくなります。

ただし、タイトルやキャッチコピーなどの短い文章は、より狭い行間や自由な**タイポグラフィ**でも良いでしょう。本文など「読む」文章では文字と文字の間隔（字間）をゼロにする**ベタ組み**が基本ですが、「見る」文章では文字の形に応じて字間を調整すると美しく仕上がります。

見出しやキャッチコピーは
行間字間を調整して美しく。

見出しやキャッチコピー　カタカナや拗音促音の前後はパラパラして見えるので少し詰める

3-7 視線が迷子で困った！

事例1 行の長さ

改善前 ここが困った！

そしてジョバンニはすぐうしろの天気輪の柱がいつかぼんやりした三角標の形になって、しばらく蛍のように、ぺかぺか消えたりともったりしているのを見ました。それはだんだんはっきりして、とうとうりんとうごかないようになり、濃い鋼青のそらの野原にたちました。いま新らしく灼いたばかりの青い鋼の板のような、そらの野原にまっすぐにすきっと立ったのです。するとどこかで、ふしぎな声が、銀河ステーション、銀河ステーションと云う声がしたと思うといきなり眼の前が、ぱっと明るくなって、まるで億万の蛍烏賊の火を一ぺんに化石させて、そら中に沈めたという工合、またダイアモンド会社で、ねだんがやすくならないために、わざと穫れないふりをして、かくして置いた金剛石を、誰かがいきなりひっくりかえして、ばら撒いたという風に、眼の前がさあっと明るくなって、ジョバンニは思わず何べんも眼を擦ってしまいました。気がついてみると、

1行が長い文章は行末から行頭への視線移動が大きく、次の行を見失ってしまうことがあります。横長のスライド、大きな紙を使う資料、1カラムレイアウトのウェブページで端から端まで文章を入れると長くなりすぎることがあります。

大川さん

プレゼン資料は、端から端まで文章を入れてます！

1行あたりの文字数は多すぎても少なすぎても読みにくいです。1行が短すぎる場合は、何度も視線移動を要するためストレスを感じます。

文章を行の終わりまで読み進めて、次に読むべき箇所を見失ってしまったことはないでしょうか。文章やページのレイアウトを工夫して、視線迷子を防ぎましょう。

改善後 こうしよう！

そしてジョバンニはすぐうしろの天気輪の柱がいつかぼんやりした三角標の形になって、しばらく蛍のように、ぺかぺか消えたりともったりしているのを見ました。それはだんだんはっきりして、とうとうりんとうごかないようになり、濃い鋼青のそらの野原にたちました。いま新らしく灼いたばかりの青い鋼の板のような、そらの野原に、まっすぐにすきっと立ったのです。するとどこかで、ふしぎな声が、銀河ステーション、銀河ステーションと云う声がしたと思うといきなり眼の前が、ぱっと明るくなって、まるで億万の蛍烏賊の火を一ぺんに化石させて、そら中に沈めたという工合、またダイアモンド会社で、ねだんがやすくならないために、わざと穫れないふりをして、かくして置いた金剛石を、誰かがいきなりひっくりかえして、ばら撒いたという風に、眼の前がさあっと明るくなって、ジョバンニは、思わず何べんも眼を擦っ

文章を2段組みにしました

本文の1行あたりの文字数は、10字以上、長くても40字までにしましょう。

1行が長くなりすぎる場合には、段組（カラム）のレイアウトを試してみましょう。段の間隔（段間）は行間よりも広く、文字サイズの2倍以上にすると視線が迷いにくくなります。

ジョバンニはすぐうしろの天気輪の柱がいつかぼんやりした三角標の形になっているのを見ました。

それはだんだんはっきりして、とうとうりんとうごかないようになり、濃い鋼青の宙の野原にたちました。

カラム数を調整した例

事例 2 レイアウト

改善前 ここが困った！

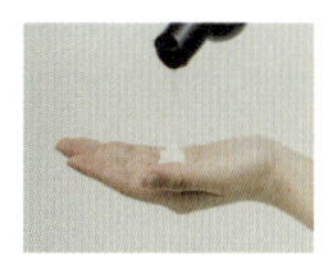

今回は洗い流さないトリートメントの使い方をご紹介します。洗い流さないトリートメントは濡れた髪に使います。お風呂上がりの清潔で髪が濡れている状態で付けるのがベスト。まずはタオルドライで、水が滴らない程度に髪の水分をとります。トリートメントを手にとったら、手のひらに伸ばし、指と指の間まで馴染ませてあたためます。乾燥しやすい毛先から、内側、表面、前髪の順につけていきます。次に髪をくしでとかして、トリートメントをムラなく行き渡らせます。仕上げにドライヤーで髪を乾かします。

トリートメントの選び方

ヘアケアアイテムは自分の髪質

とお悩みに合うものを選ぶことが大切です。ダメージが気になる方は、キューティクルをケアする成分を配合したトリートメントを。うねり・くせ・パサつきが気になる方は、髪をしっとりなめらかにしてくれる植物オイル配合のトリートメントを。ツヤとまとまりが欲しい方は、毛髪の保護して静電気を防止する作用のある成分配合のヘアミルクを。ふわっとした仕上がりがほしい方や、細くて柔らかい髪質の方にはミストタイプもおすすめです。

Q. トリートメントの効果をアップさせるコツは？

ドライヤーで完全に乾かす前に、乾燥が気になる部分にもう一度少量のトリートメントをつけましょう。くしで均一にとかした後、手の温度で髪とトリートメントをハンドプレスするのも効果的です。

タイトルと本文の始まりが離れていて、どこから読むのか迷ってしまいます。本文を分断するように挿入した写真や見出しの位置も視線を迷わせます。

直感的な視線の流れに反したレイアウトは読みにくく、読者を迷わせてしまいます。複数の要素をレイアウトしたり、段組を行う場合には注意が必要です。

町田さん

このパンフレット、読みにくくて不評なんです

改善後　こうしよう！

ドラッグストアで手に入る

おすすめ
ヘアケア
アイテム

今回は洗い流さないトリートメントの使い方をご紹介します。洗い流さないトリートメントは濡れた髪に使います。お風呂上がりの清潔で髪が濡れている状態で付けるのがベスト。まずはタオルドライで、水が滴らない程度に髪の水分をとります。トリートメントを手にとったら、手のひらに伸ばし、指と指の間まで馴染ませてあたためます。乾燥しやすい毛先から、内側、表面、前髪の順につけていきます。次に髪をくしでとかして、トリートメントをムラなく行き渡らせます。仕上げにドライヤーで髪を乾かします。

トリートメントの選び方

ヘアケアアイテムは自分の髪質とお悩みに合うものを選ぶことが大切です。ダメージが気になる方は、キューティクルをケアする成分を配合したトリートメントを。うねり・くせ・パサつきが気になる方は、髪をしっとりなめらかにしてくれる植物オイル配合のトリートメントを。ツヤとまとまりが欲しい方は、毛髪の保護して静電気を防止する作用のある成分配合のヘアミルクを。ふわっとした仕上がりがほしい方や、細くて柔らかい髪質の方にはミストタイプもおすすめです。

Q. トリートメントの効果をアップさせるコツは？

ドライヤーで完全に乾かす前に、乾燥が気になる部分にもう一度少量のトリートメントをつけましょう。くしで均一にとかした後、手の温度で髪とトリートメントをハンドプレスするのも効果的です。

横書きの文章は左上から右下へ流れる**Z型**、縦書きは右上から左下へ流れる**N型**が基本です。視線の自然な流れに沿うように要素をレイアウトしましょう。

情報の優先度もこの流れに合わせて、タイトル、本文、キャプションの順に配置するとスムーズに伝わります。

ウェブサイトやアプリケーションでは、上から下への大きな流れの中で、読者が興味のある見出しから詳細へ流れる**F型**が適しています。

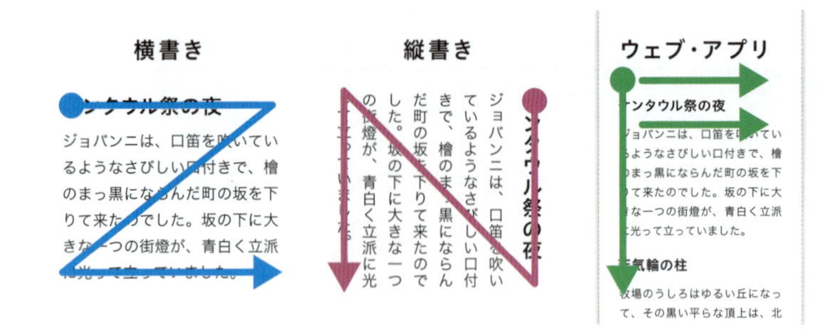

数字や矢印を使った誘導は読む順番を明確に示せる反面、視線の流れに強く影響を与えます。自然な視線の流れに逆らって無理に誘導すると、読者にストレスを与えることがあります。数字や矢印は補助的に使うのが良いでしょう。

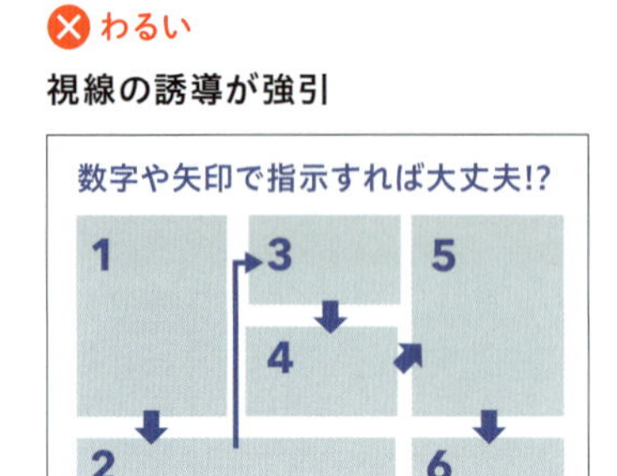

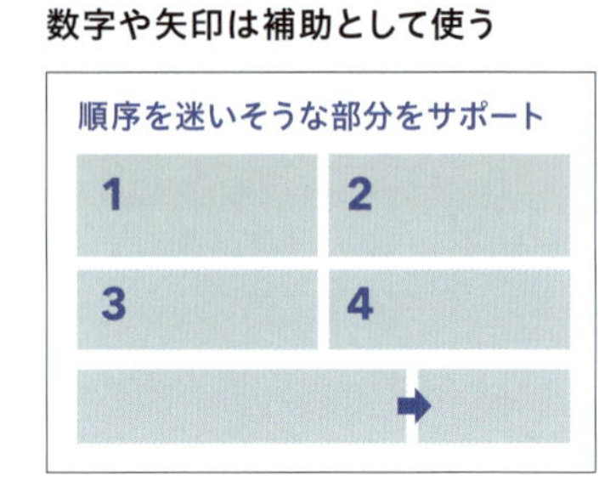

Chapter 4

ことばで困った！

どんなに美しい見た目でも、書いてある言葉が相手に理解されなければ情報は伝わりません。デザインをする前に、言葉の扱い方を整理してみましょう。

4-1 ことばの基礎知識

誰のためのことば?

デザインをするとき、「いつ・どこで」「誰に」「何を」伝えて、どんな行動を起こして欲しいかを考えるでしょう。言葉を選ぶときや文章を書くときも、この考え方は有効です。

例えば同じ学習塾の案内でも、こども向けと保護者向けとでは訴求する内容も言葉選びも異なるでしょう。

こども向け	保護者向け
部活と両立できる	経験豊富な講師
テストに出やすい問題がわかる	一人ひとりに合った学習プラン
苦手教科を克服	志望校対策
点数・順位アップ	クチコミ評価

読み手の関心や求めている情報、発信側が伝えたいことと読み手との距離によって、適切な言葉の組み立て方は変わります。言葉が変われば、ビジュアルの表現も変わってきます。

デザインはことばの整理から始まる

良いデザインを作るためには、まず伝えたい内容をしっかり理解して整理することが大切です。デザイン作業に入る前に、次の4つのポイントが明確になっているか確認しましょう。ここが曖昧なまま作業を進めると、判断基準やビジュアルの表現もブレてしまいます。

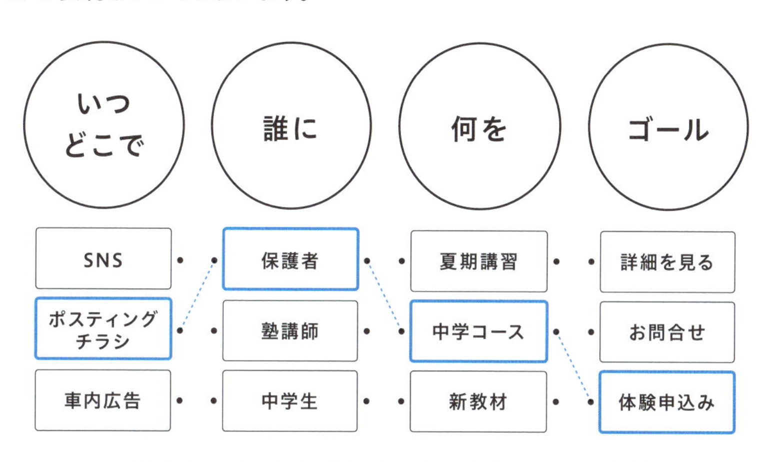

組み合わせによって、異なる構成やビジュアルが思いうかぶでしょう

- **いつ・どこで**：それが読まれるタイミングはいつですか？ 時間帯や季節、場所、媒体やサイズ、見られる頻度を確認しましょう。「誰に」と合わせて考えると、読まれる環境や状況がより明確になります。
- **誰に**：伝えたい相手はどんな人ですか？ これから伝えようとすることについて、その人はどれくらい知っていますか？ 年齢、性別、興味や関心、ライフスタイルなど、具体的な人物像を設定しても良いでしょう。
- **何を**：その発信を通して一番伝えたいことは何ですか？ 相手に魅力的に映る切り口を探しましょう。また、伝える物事についての理解を深めることも大切です。
- **ゴール**：相手にどんな行動を起こして欲しいですか？ そのゴールへ向かうために必要な情報は揃っていますか？ ゴールに合わせて情報を取捨選択し、優先度を決めましょう。

文章を読みやすくするヒント

伝える情報が揃ったら、ゴールに向かって言葉を組み立てていきます。

- まずは情報をグループごとに分類・整理しましょう。重複している内容はまとめ、主題に関係のない情報は削ります。読者目線で足りない情報があれば加えましょう。概要から詳細へ、あるいは全体から部分へ展開するように情報を並び替えると、内容を理解しやすくなります。
- 次にグループの内容を表す見出しを立てます。見出しがあると、読者は自分の興味がある情報を探しやすくなります。また、見出しを拾い読みすることで、全体の内容を把握しやすくなります。
- 仕上げに一つひとつの文章を整えます。

次のような点を意識すると、読みやすさが向上します。

一文一義で簡潔に伝える

改善前　入会前に授業を体験していただくことで、教室の雰囲気や講師の指導、教材、学習の効果を実感してください。

改善後　入会前に授業を体験いただけます。教室の雰囲気や講師の指導、教材、学習の効果を実感してください。

具体的に書く

改善前　少人数制のクラスです。

改善後　1クラス10人までの少人数制クラスです。

項目の列挙は箇条書きにする

改善前　定期テスト対策コース、基礎力アップコース、苦手科目克服コースが中学生におすすめです。

改善後　中学生向けのおすすめコース

- 定期テスト対策コース
- 基礎力アップコース
- 苦手科目克服コース

主語をわかりやすく示す

改善前　入会時に、学習プランや教材を決定します。

改善後　入会時に、担当講師が学習プランや教材を決定します。

主語や目的語と述語を近づける

改善前　担当講師がお子さまの苦手科目に合わせて、学習プランを作成します

改善後　お子さまの苦手科目に合わせて、担当講師が学習プランを作成します

二重否定を避ける

改善前　復習をしないと、身につきません。

改善後　復習をすると、身につきます。

専門用語、業界用語、略語の使用に注意する

改善前　英語の授業はレッスンルーム制です。

改善後　英語の授業は習熟度別に教室が分かれます。

ワンポイント

クライアントワークでは、支給された原稿をもとにデザインを行うことも多いでしょう。引用文や完全原稿がある場合などを除いて、支給された原稿を編集したり、内容の加筆や変更を提案してみるのも一つの手です。

社内や業界での「当たり前」が、読み手には伝わらなかったり、逆に大きなアピールポイントになったりすることもあります。デザインを進めていくうえで疑問に感じた点は、伝え方を工夫するヒントになります。

ことばの壁を知る

人に何かを伝えるとき、言葉はコミュニケーションの架け橋になります。しかし、時として言葉がコミュニケーションの壁になってしまうこともあります。

外国語を習い始めた頃のことを思い出してみてください。次のようなことで困ったのではないでしょうか。

- **語彙**：単語の意味がわからない（簡単な単語に置き換えたらわかるのに！）
- **文法**：長文の読解が難しい（この語は何にかかっているんだ？）
- **聞き取り**：ネイティブの発音が聞き取れない（速すぎる！ 訛っている？）
- **コミュニケーション**：とっさの会話ができない（じっくり作文ならできるけど…）

このような言葉の困りごとは、言語の違いだけでなく、年齢、前提となる知識、受け手の状況によっても起こりうるものです。困りごとは、裏を返せば改善のヒントです。

- **語彙**：相手の知識に合った言葉を使う
- **文法**：やさしい文法で明快に伝える
- **聞き取り**：ゆっくり、はっきりと話す
- **コミュニケーション**：方法を相手に選んでもらう

情報がわかりやすく整理されていれば、知りたいことに素早くたどり着けます。冗長さを省けば、伝えたいことがストレートに伝わります。わかりやすく組み立てられた言葉は翻訳しやすく、音声入力や機械翻訳などテクノロジーとの組み合わせにも効果が期待できます。言葉を整理することは、発信者と受け手のコミュニケーションを円滑にするデザインにつながっています。

やさしい日本語

日本で暮らす外国人の数は2023年末には約341万人になり、過去最高を更新しました。国籍や母語はさまざまで、上位10の国・地域の公用語だけで9言語にのぼります。彼らに情報を伝えるとき、それぞれの母語にすべて翻訳することが理想ですが、現実的ではありません。そこで、平易な言葉や文法を用いた**やさしい日本語**の活用に注目が集まっています。

ウーゴさん

英語よりも
簡単な日本語で話してもらった方が
わかりやすいこともあるよ

やさしい日本語は公用文のほか、行政情報や生活情報、観光、報道にも使われています。災害発生時の情報提供手段としても効果が期待できます。文章や語彙の難易度をチェックしたり、やさしい日本語に変換したりするツールも公開されています。

やさにちチェッカー

語彙、文法、漢字、長さ、硬さの5項目の難易度をチェックできます。

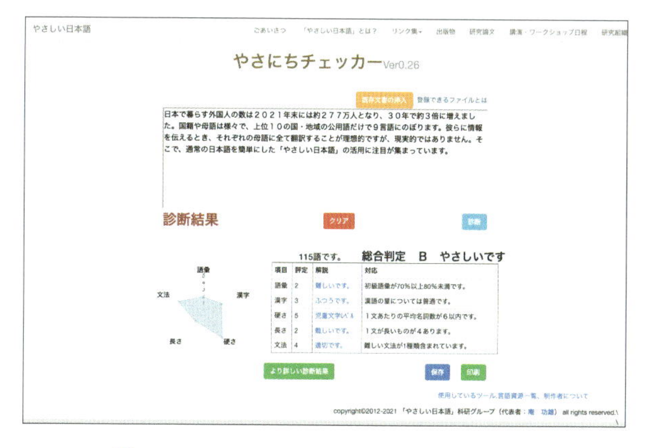

http://www4414uj.sakura.ne.jp/Yasanichi1/nsindan/

4　ことばで困った！

リーディングチュウ太

語彙、漢字が日本語能力試験のどのレベルにあたるかチェックできます。

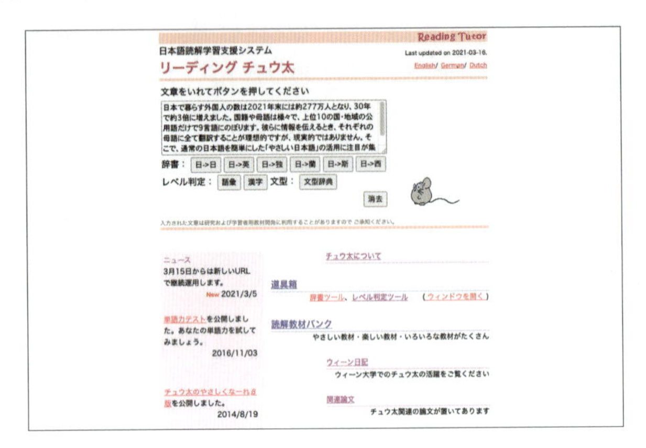

https://chuta.cegloc.tsukuba.ac.jp/

伝えるウェブ

AIによるやさしい日本語への自動翻訳を試せます。ウェブサイトをやさしい日本語に変換したり、読みがな（**ルビ**）をつけたり、音声で読み上げたりする機能を設置するプランも用意されています。

https://tsutaeru.cloud/

プレイン・ランゲージ

やさしい日本語は、日本に暮らす日本語の得意でない方に向けて、必要な情報をわかりやすく伝えるために使い始められました。伝える内容を整理し、受け手にとって情報をわかりやすく表現する考え方は、受け手が日本語を母語とする場合にも有効です。たとえば医療や行政の現場では、専門家の立場から非専門家である一般市民にとってわかりやすい日本語で情報を正しく伝えることが求められます。

プレイン・ランゲージ（plain language）は、情報の受け手が必要な情報を見つけやすく、見つけた情報を理解して使えるようにするためのコミュニケーションの手法です。プレイン・ランゲージの基本原則を定めた国際規格ISO 24495-1:2023には、次のように述べられています。

> Plain language is communication that puts readers first. It considers:
> — what readers want and need to know;
> — readers' level of interest, expertise and literacy skills;
> — the context in which readers will use the document.
>
> プレイン・ランゲージは読者を第一に考えたコミュニケーションです。次の点を考慮します。
>
> —読者が知りたいこと、知る必要のあること
> —読者の関心や専門知識、読解力のレベル
> —読者がその文書を使うコンテキスト
>
> ISO 24495-1:2023（日本語は著者による訳出）

ISOプレイン・ランゲージのガイドラインに則ったプレイン・ジャパニーズは、今後の日本における共通言語としてますます注目が高まると考えられます。

やさしい日本語やプレイン・ランゲージに絶対的な正解はありません。受け手に伝わりやすいように目的や場面に応じて表現を工夫することは、相手が誰であっても同じです。

4-2 難しくて困った！

事例1 読み手にとって難しい言葉

改善前 ここが困った！

ちゅうしょく　じさん
昼食持参

漢字に読みがながふってあれば、読み方はわかります。しかし、その言葉の意味がわからなければ、情報は伝わりません。「昼」と「食」の漢字を知っていても、「昼食」という熟語には馴染みがない場合もあります。

漢字を過度に使用した文章は読み辛いです。難解な印象に拒否感を抱く読者は一定数居ます。漢字と平仮名の割合を調整し、適宜平易な表現に置換しましょう。

漢字の多い文章

文章の中に漢字が多いと、難しく読みにくそうな印象になり、読むことを避けてしまう人もいます。

発信者にとっては使い慣れた言葉でも、読む人が理解できなければ情報は伝わりません。読む人の知識や文脈に合わせた言葉づかいにしましょう。

改善後　こうしよう！

お昼ごはんを
持ってきてください

音読みの漢字熟語は、訓読みの言葉に言い換えるとやさしい日本語になります。

漢字が多すぎる文章は読みづらいです。難しそうな印象に拒否感を抱く読者は一定数います。漢字とひらがなのバランスを調整し、適宜やさしい表現に置き換えましょう。

漢字を適度にひらいた文章

非常用漢字を避けたり、漢字をひらいたり、表現を工夫すると同じ内容でもやわらかい印象になります。ただし、ひらがなが連続しすぎると語句の区切りがわかりにくくなることもあります。句読点を入れる、**分かち書き**（語句の間に空白を空ける書き方）を採用するなど、読者に合わせて調整しても良いでしょう。

事例2 専門用語

改善前 ここが困った！

非課税期間が終了した後は、保有している金融商品を翌年の非課税投資枠にロールオーバーできます。

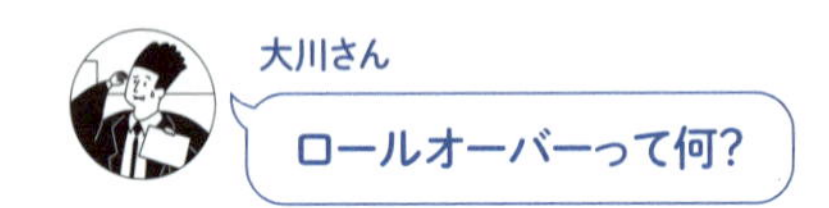

専門用語や業界用語、商品名など、その分野の人は当たり前に使っている言葉でも、分野外の人には理解できないことがあります。

略語は文脈や読む人の前提知識によって異なる捉え方をされることがあります。例えば「WF」を「ワイヤーフレーム」と解釈する人もいれば、「ワークフロー」と考える人もいます。

改善後 こうしよう！

まずは一般的な表現に置き換えられるか検討しましょう。略語は**初出**の際に元の語や意味を説明します。一般的な表現に置き換えられない言葉や、繰り返し出てくる用語には説明を加えましょう。

文中で説明する

非課税期間が終了した後は、保有している金融商品を翌年の非課税投資枠に移管できます。この移管のことを「ロールオーバー」と呼びます。

文中でかっこ書きにする

> 非課税期間が終了した後は、保有している金融商品を翌年の非課税投資枠に移管（ロールオーバー）することができます。

脚注で補足する

> 非課税期間が終了した後は、保有している金融商品を翌年の非課税投資枠にロールオーバー（注1）できます。
>
> 注1：非課税期間が終了した際に、保有している金融商品を翌年の新たな非課税投資枠に移管すること。

用語集を用意する

用語集としてページを独立させることで、詳細な説明や関連情報を伝えられます。

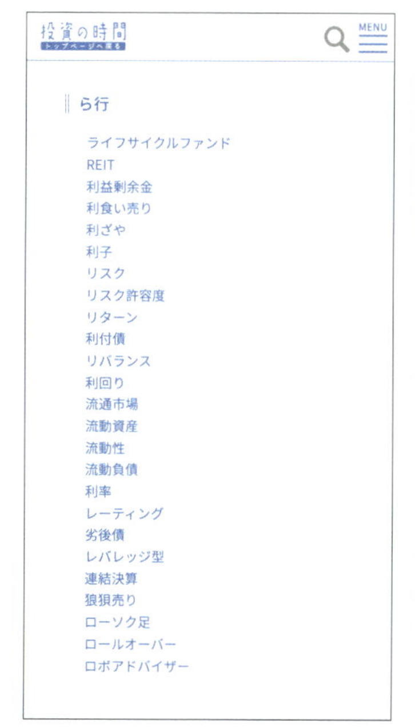

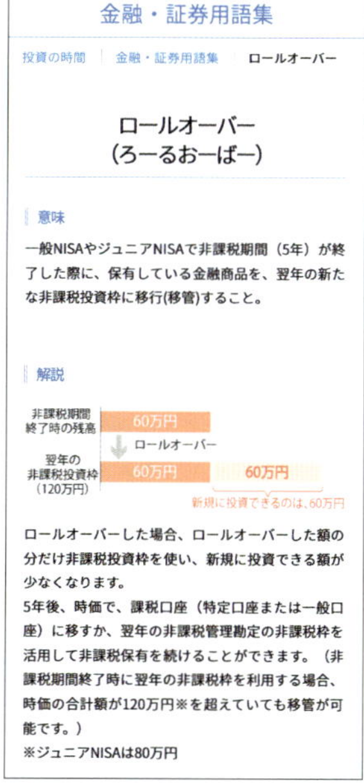

日本証券業協会「投資の時間」の金融・証券用語集
https://www.jsda.or.jp/jikan/word/

4-3 見当ちがいで困った！

改善前 ここが困った！

ABC製薬	KOMATTA薬品	さわやか製薬
•クイックα	•ハナピタン	•にこにこエース
•スクラル1st	•ズキノン	•カコライト
•ファインEX	•キリクリア	•さわやか胃腸薬

お店の商品がメーカー順に並んでいたら、目的のものが探しにくいでしょう。発信側が管理しやすい分類でも、利用者がその分類を知らなければ、どこを探せば良いかわからなくなってしまいます。

4F	ワーク&スタディ
3F	ボディ&ビューティー
2F	ホームソリューション
1F	アウトドア

分類に適切なラベルが付いていないと、そこに含まれるものの見当がつきません。

町田さん

洗濯グッズは何階にあるの?

分類方法やラベルのつけ方によって、情報の探しやすさは変化します。利用者に馴染みのある言葉を使い、見当がつけやすい分類をしましょう。

改善後 こうしよう！

解熱鎮痛剤	かぜ薬	胃腸薬
• クイックα	• ファインEX	• スクラル1st
• ズキノン	• ハナピタン	• キリクリア
• にこにこエース	• カコライト	• さわやか胃腸薬

情報を分類するときは、発信側の都合ではなく、利用者の理解や行動に沿った分類を行います。利用者に馴染みのある言葉で、内容が予測しやすいラベルをつけましょう。

4F	オフィス製品・文具
3F	健康・美容
2F	生活雑貨・家具
1F	アウトドア

洗濯グッズは2階にありそうですね

利用者の探索パターンは1つではありません。特定の商品を探している人もいれば、目的に合う商品を比較して決めたい人もいます。複数の分類軸や到達手段を用意すると、利用者は自分に合った方法で目的を達成できます。

エスエス製薬のウェブサイトでは、製品を「薬効」「部位・症状」「ブランド」の3つの軸で分類しています。

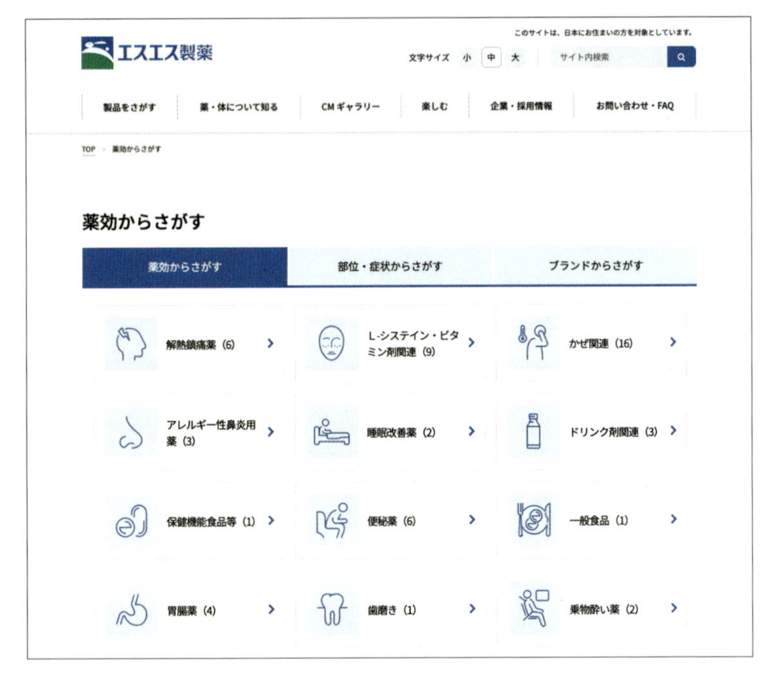

エスエス製薬「薬効からさがす」
https://www.ssp.co.jp/product/

4-4 ばらばらで困った！

使われている言葉や表記に一貫性がないと、読む人が迷ってしまいます。複数人のチームで執筆や運用をする場合は、ルールを決めたドキュメントを作って共有するのがおすすめです。

改善前　ここが困った！

福吉さん「カスタマーサポートとヘルプデスクって同じなのかな？」

同じ意味や内容が、異なる言葉で表現されていると、利用者が混乱してしまいます。

また、送り仮名のつけ方、記号や英数字の表記が混在する**表記ゆれ**があると、読者の集中が削がれたり、誤解を招いたりします。

- イベント、ワークショップ、WS（表現のばらつき、略称）
- お問合せ、お問い合わせ、お問い合せ（送り仮名のゆれ）
- PM3:00、午後三時、15時、15:00（時刻の表記、全角半角のゆれ）
- ウェブ、WEB、web、Web（日本語／英語、大文字／小文字のゆれ）
- コンピューター、コンピュータ（語尾の長音のゆれ）

改善後　こうしよう！

誤字脱字と異なり、一貫性や表記ゆれの問題には絶対の正解がありません。これを統一するためには、使う言葉や表記のルールを決める必要があります。一定のルールに照らし合わせてチェックを行うことで、複数の人が運用に関わる場合にも一貫性を保てます。

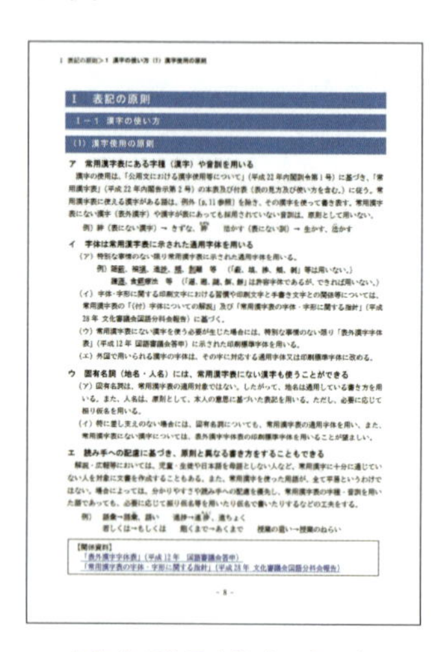

I 表記の原則＞1 漢字の使い方 (1) 漢字使用の原則

I　表記の原則

I－1　漢字の使い方

(1) 漢字使用の原則

ア　常用漢字表にある字種（漢字）や音訓を用いる

漢字の使用は、「公用文における漢字使用等について」（平成22年内閣訓令第1号）に基づき、「常用漢字表」（平成22年内閣告示第2号）の本表及び付表（表の見方及び使い方を含む。）に従う。常用漢字表に使える漢字がある語は、例外〔p.11参照〕を除き、その漢字を使って書き表す。常用漢字表にない漢字（表外漢字）や漢字が表にあっても採用されていない音訓は、原則として用いない。

例）絆（表にない漢字）→ きずな、絆　活かす（表にない訓）→ 生かす、活かす

イ　字体は常用漢字表に示された通用字体を用いる

（ア）特別な事情のない限り常用漢字表に示された通用字体を用いる。

例）[illegible] 等（「[illegible]」等は用いない。）

[illegible] 等（「[illegible]」は許容字体であるが、できれば用いない。）

（イ）字体・字形に関する印刷文字における習慣や印刷文字と手書き文字との関係等については、常用漢字表の「（付）字体についての解説」及び「常用漢字表の字体・字形に関する指針」（平成28年 文化審議会国語分科会報告）に基づく。

（ウ）常用漢字表にない漢字を使う必要が生じた場合には、特別な事情のない限り「表外漢字字体表」（平成12年 国語審議会答申）に示された印刷標準字体を用いる。

（エ）外国で用いられる漢字の字体は、その字に対応する通用字体又は印刷標準字体に改める。

ウ　固有名詞（地名・人名）には、常用漢字表にない漢字も使うことができる

（ア）固有名詞は、常用漢字表の適用対象ではない。したがって、地名は通用している書き方を用いる。また、人名は、原則として、本人の意思に基づいた表記を用いる。ただし、必要に応じて振り仮名を用いる。

（イ）特に差し支えのない場合には、固有名詞についても、常用漢字表の通用字体を用い、また、常用漢字表にない漢字については、表外漢字字体表の印刷標準字体を用いることが望ましい。

エ　読み手への配慮に基づき、原則と異なる書き方をすることもできる

解説・広報等においては、児童・生徒や日本語を母語としない人など、常用漢字に十分に通じていない人を対象に文書を作成することもある。また、常用漢字を使った用語が、全て平易というわけではない。場合によっては、分かりやすさや読み手への配慮を優先し、常用漢字表の字種・音訓を用いた語であっても、必要に応じて振り仮名等を用いたり仮名で書いたりするなどの工夫をする。

例）語彙→語彙、語い　進捗→進捗、進ちょく

若しくは→もしくは　飽くまで→あくまで　授業の狙い→授業のねらい

【関係資料】

「表外漢字字体表」（平成12年 国語審議会答申）

「常用漢字表の字体・字形に関する指針」（平成28年 文化審議会国語分科会報告）

- 8 -

文化庁「公用文作成の考え方」

https://www.bunka.go.jp/seisaku/bunkashingikai/kokugo/hokoku/pdf/93651301_01.pdf

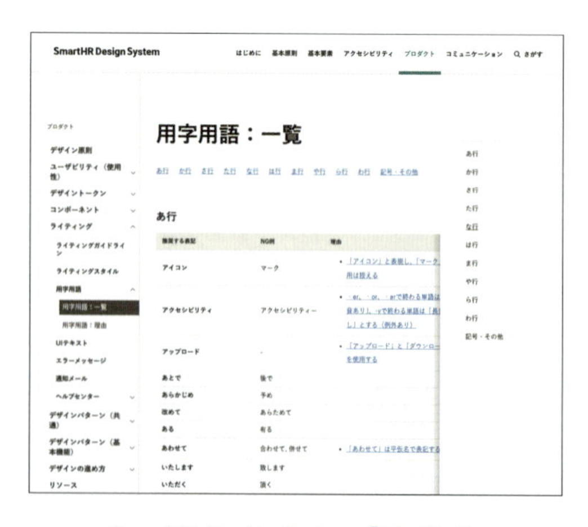

SmartHR Design System「コンテンツ」

https://smarthr.design/products/contents/idiomatic-usage/data/

アイコンにも一貫性を

アイコンや記号を使う場合も、一貫性が保たれているか確認しましょう。

検索とズーム機能の2つの用途で、同じ虫メガネのアイコンが使われている

ヘルプを見る　　ヘルプを見る

2種類の異なるアイコンが同じ意味で使われている

アイコンの用途と意味を一覧にしておくと、重複や誤用に気づきやすくなります。

アイコン	用途・意味
	検索
	ズーム機能
	ヘルプ

4-5 長文で困った！

改善前 ここが困った！

小松田町内会報
～不燃物の収集について～

毎月の不燃物の収集は、町内の皆様のご協力により実施されておりますが、次の点について皆様の格別のご協力よろしくお願い致します。

不燃物の収集日は毎月の第二月曜日です。収集時間は11月～3月は6:30～8:00、4月～10月は6:00～8:00です。収集場所はJR小松田駅から東へ50メートル付近の高架下です。不燃物は必ず収集日の朝に出してください。又、時間は必ず守ってください。時間外に出されますと、区分作業に大変な手間がかかり、当番の方にご迷惑をかけるだけでなく、街の美観を害し、その上物音で近くの民家にご迷惑をかけることになりますので宜しくお願い致します。

家電リサイクル法の対象機器（テレビ、エアコン、洗濯機、冷蔵庫）は収集されません。消火器、プロパンガスボンベ、バッテリー、タイヤは収集していませんので出さないでください。スプレー缶は、必ず穴を開けて中身を空にしてください。雨天の場合は、布類、段ボール、古新聞、古雑誌、雑紙等は必ずビニール袋に入れること。

また、中身の見えない袋や段ボール箱、紙袋に入れたもの、分別されていないものについては収集されませんのでご注意ください。

チラシや新聞に見出しが全くなかったとしたら、どこに何が書いてあるか、どこから読み始めれば良いか迷ってしまうでしょう。流し読みをしている人にも情報が目に留まりにくいです。

ウーゴさん

要点をまとめて欲しいな

よほど興味のある内容でなければ、長い文章を始めから終わりまで読もうと思う人は少ないでしょう。見出しや箇条書きを使うと、読むべき情報を見つけやすく、理解しやすくなります。

改善後　こうしよう！

小松田町内会報

不燃物の収集について

毎月の不燃物の収集は、町内の皆様のご協力により実施されています。
次の点について、格別のご協力をよろしくお願いいたします。

収集日時・場所

収集日：毎月の第二月曜日

収集時間：11月〜3月　6:30〜8:00 ／ 4月〜10月　6:00〜8:00

場所：JR小松田駅から東へ50メートル付近の高架下

不燃物は必ず収集日の朝に、時間を守って出してください。
時間外に出されますと、区分作業に手間がかかり、当番の方にご迷惑をかけます。また、街の美観を害し、物音で近くの民家のご迷惑になります。

収集できないもの

- 家電リサイクル法の対象機器（テレビ、エアコン、洗濯機、冷蔵庫）
- 消火器、プロパンガスボンベ、バッテリー、タイヤ
- 中身の見えない袋、段ボール箱、紙袋に入れたもの
- 分別されていないもの

収集時の注意

- スプレー缶は、必ず穴を開けて中身を空にすること
- 雨天の場合は、布類、段ボール、古新聞、古雑誌、雑紙などは必ずビニール袋に入れること

長文は内容のまとまりごとにグループをつくり、その内容を表す見出しをつけましょう。適切な見出しがあれば、読む人が読みたい部分を拾い読みできます。

複数の情報や手順を伝えるために冗長になっている文章は、箇条書きに分解してみましょう。箇条書きは要点を理解しやすく、抜け漏れや誤解の防止にも役立ちます。

ウェブでも大事な見出しと箇条書き

ウェブページやブログに見出しを書くときは、文字の大きさや見た目を変えるだけでなく見出し要素（h1 〜 h6）を設定しましょう。見出し要素を使うことで、ブラウザや支援技術にも見出しが見出しとして解釈されます。スクリーンリーダーを利用しているときにも、文章の構造がわかりやすくなります。

ブラウザの**リーダーモード**は、ウェブページの広告や装飾を省いて文章を読むことに集中できる機能です。Safariでは「リーダー」、Edgeでは「イマーシブリーダー」、Chromeでは「リーディングモード」など、ブラウザによって少し呼び方が異なります。文字の大きさや太さなどの見た目を変えただけでは、リーダーモードでは通常のテキストとして扱われます。

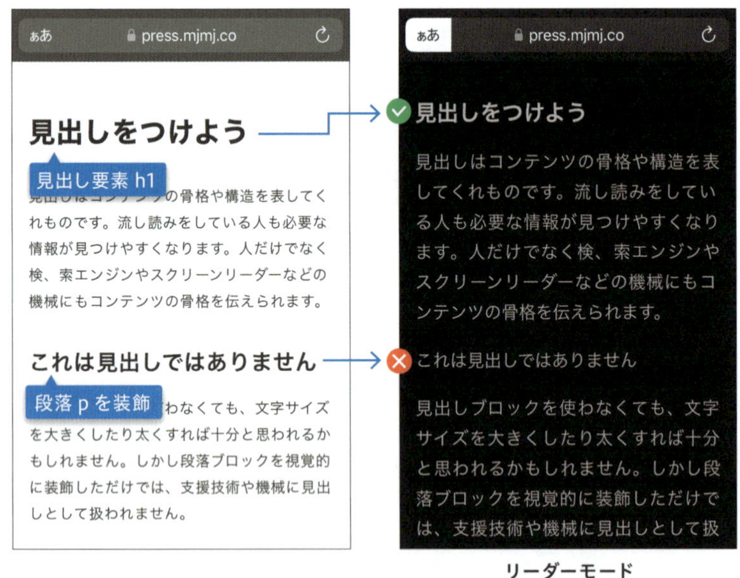

テキストの見た目を変えただけでは、
リーダーモードで閲覧したときに見出しとして扱われません

長い文章のページでは、見出しを抜き出して目次として提供しても良いでしょう。目次からページの概要を掴んだり、読みたい部分を素早く見つけたりできます。

箇条書きのリストマークは「・（中黒）」で代用せず、リスト要素を使いましょう。リスト要素を使うことで、項目数を数えたり、前後の項目に移動したり、リストの理解を助ける機能を使えます。リストマークの位置に合わせてインデントを挿入したり、項目同士の間隔が開いたりと、リストが読みやすくなることもあります。

わるい　中黒「・」でリストに見せる

・ul 要素は順序がない項目の
　リストを表します
・入れ子にできます
・行頭記号を指定できます

よい　リスト要素を使う

- ul 要素は順序がない項目のリストを表します
- 入れ子にできます
- 行頭記号を指定できます

Microsoft Wordや、Googleドキュメント、Notionなど、各種エディターにも見出しや箇条書きの書式が備わっています。普段から構造や役割を意識して文章を書くトレーニングをしておくと、情報を整理する力、ひいてはデザイン力もアップするでしょう。

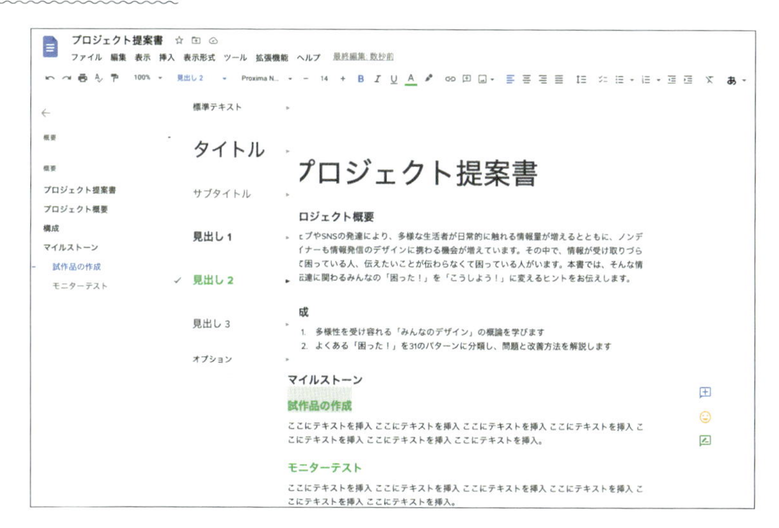

Googleドキュメントで段落スタイルを利用した例
見出し要素を使うと、概要欄に文章のアウトラインが表示されます
概要から見出しに移動できるため、長いドキュメントの閲覧もしやすくなります

4-6 聞こえなくて困った！

事例1 音声案内が聞こえにくい

改善前 ここが困った！

文子さん「電車が止まって何か案内があったみたいだけど、聞き取れなかったわ」

聞こえにくさにはさまざまな状況があります。「音量が小さくなって聞こえにくい」「音質が歪んだようになって聞き分けにくい」「片耳が聞こえない」など、人によって聞こえ具合も異なります。補聴器をつけていても、周囲が騒がしい場所や反響の多い場所では聞き取りにくいこともあります。

話している姿や表情が見えない状況では、音声情報はより伝わりにくくなります。

音声だけで提供されている情報は、聞こえない・聞きにくい状況では伝わりません。音声や動画コンテンツは、テキストや字幕でも情報を得られるようにしましょう。

改善後　こうしよう！

ただいま車両の点検のため
電車が止まっています。
しばらくお待ちください。

掲示板や手持ち看板など、視覚でも情報が得られるようにしました。

聴覚障害は外見から判断しにくく、困っていることが周囲にわからないこともあります。声をかけても気づかれないときは、その人の視界に入ってからゆっくりはっきりと話しかけましょう。

筆談や音声認識ツールを使ってコミュニケーションをとることもできます。相手や状況に合わせて手段を選べるようにしておくと良いでしょう。

UDトークは、音声認識技術を使ったコミュニケーション支援のためのアプリです。漢字かな変換や手書き、翻訳、音声合成機能を組み合わせることで、さまざまなシーンで活用できます。

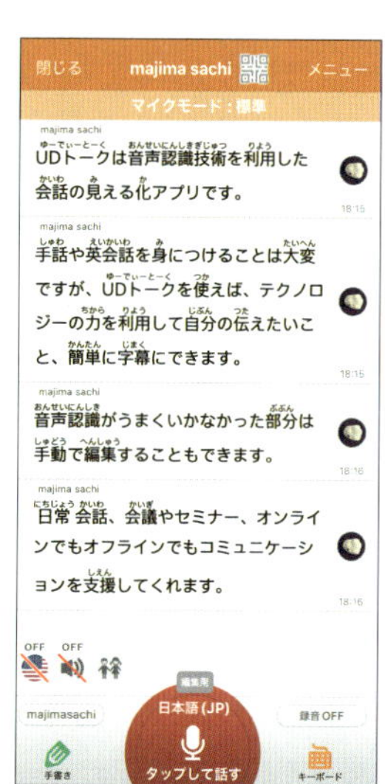

UDトーク
https://udtalk.jp/

事例 2 字幕がない

改善前 ここが困った！

ケイくん「今すぐ動画を見たいのに、イヤホンを忘れちゃった」

聴覚障害のない人（聴者）でも、音声情報が得られず困る状況はしばしばあります。

- イヤホンやスピーカーを使えない
- 騒がしい場所にいる
- 寝かしつけ中や、音を出せない場所にいる
- 一時的に音声をミュートにする必要がある
- 話すスピードや発声が聞き取りにくい

音声や動画よりテキストのほうが素早く要点を把握しやすい人もいるでしょう。

改善後 こうしよう！

動画や音声コンテンツに字幕をつけると、より多くの人や環境からアクセスできます。聞き慣れない言葉や母語以外の言語のコンテンツも、テキスト情報があると理解しやすくなります。

映像に同期させた字幕を作るのが難しい場合は、代わりとなるテキスト版を用意しても良いでしょう。

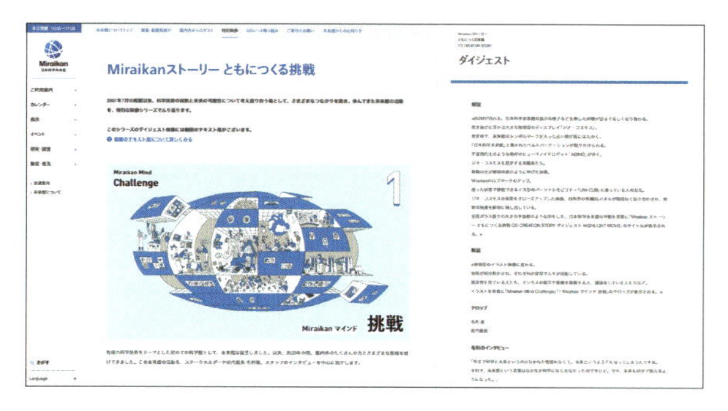

日本科学未来館の活動を振り返る映像シリーズ「Miraikan ストーリー」
動画に詳細なテキスト版が用意されています
https://www.miraikan.jst.go.jp/aboutus/20th-movie/

字幕いろいろ

字幕の表示方法には、オープンキャプションとクローズドキャプションの２種類があります。

オープンキャプションは、映像に入れた文字を再生時に常に表示する字幕です。字幕の存在がわかりやすい反面、見る人がサイズや色を変えられないことや、編集に手間がかかるといったデメリットもあります。

YouTube でクローズドキャプションを表示した様子

クローズドキャプションは、見る人が表示／非表示を切り替えられる字幕で、CCと略されることもあります。クローズドキャプションはテキスト形式で提供されるため、文字の拡大、色やフォントの変更ができます。検索や翻訳がしやすいというメリットもあります。

音が伝えている情報は話し手の言葉だけではありません。効果音や環境音、音楽、話者の名前も、コンテンツを理解して楽しむうえでは欠かせない情報です。このような音声情報を含めて文字にして伝える字幕を**バリアフリー字幕**（日本語音声ガイド）と呼びます。動画のテキスト版やバリアフリー字幕を見ると、わたしたちが普段いかに多くの情報を耳から得ているかに気づくでしょう。

4-7 選べなくて困った！

お問合せや申し込みの手段が限定されていると、利用者によっては連絡が難しいことがあります。複数の方法を用意して、利用者が自分に合った方法を選べるようにしましょう。

改善前 ここが困った！

無料体験お申し込み

0120-000-000
受付時間 10:00～17:00

連絡手段が電話のみの場合、聴覚障害のある人や、受付時間に電話ができない人、日本語を母語としない人は連絡をとることが難しくなります。一方、連絡手段がメールのみの場合には、メールアドレスをもたない人や、メールの送受信に不安のある人は利用しにくくなります。

大川さん
仕事が終わってからだと、受付時間に間に合わないよ！

改善後 こうしよう！

無料体験お申し込み

0120-000-000
受付時間 10:00～17:00

お申し込みフォーム
https://exmaple.com/komatta.form

お問合せや予約申し込みでは、複数の連絡手段を用意して利用者が選べるようにしましょう。複数の受付窓口を常時設けるのが難しい場合は、個別に対応できる方法を案内しても良いでしょう。

コラム　レジの会話を助ける指差しシート

コロナ禍でのマスク着用で、マスクをした人の口の動きが読み取れず、聴覚障害のある人はコミュニケーションがとりにくくなるという問題が生じていました。

そこでローソンは、聴覚障害のある社員の意見を参考に、2022年8月から全国店舗のレジカウンターに「**耳マーク**」を表示した指差しシートを設置しました。耳マークとは、耳が不自由なことを表すと同時に、聞こえない・聞こえにくい人への配慮を表すマークです。

この指差しシートでは、レジ袋やカトラリー(はし、フォーク、スプーン)、レンジでの温めの希望を指差しで伝えられます。

コンビニの多機能化に伴って、レジでのコミュニケーションはどんどん複雑になっています。イラストを指差して使えるこのシートは、聴覚障害のある人だけでなく、言語障害のある人、高齢者、日本語を母語としない人、発話に不安のある人など、さまざまな人同士の会話に役立つと考えられます。

ローソンは、公式ホームページでこの指差しシートのデータを公開しています。

https://www.lawson.co.jp/company/activity/topics/detail_jin/1461543_9112.html

出典：ローソン

コラム　世界の共通言語「ピクトグラム」

言語、国籍、文化、年代の壁を越える手段のひとつに**ピクトグラム**があります。ピクトグラムは意味するものを表す形を使い、事前の知識がなくても理解できるように設計された図記号です。一目でわかる明快な形状で、障害のある人や高齢者、こどもにもわかりやすく情報を伝えられます。

日本産業規格では**案内用図記号**（JIS Z 8210:2022）として、施設や交通、観光、安全、災害など、9つの分類でピクトグラムが規格化されています。

標準案内用図記号ガイドライン2021の図記号
出典：公益財団法人交通エコロジー・モビリティ財団

複数のピクトグラムを組み合わせてコミュニケーションを行うこともできます。公益財団法人共用品推進機構では、**コミュニケーション支援用絵記号デザイン原則**（JIS T 0103:2005）に基づく300以上の絵記号を公開しています。絵記号を指し示すことで、言葉を使わずに意思や感情、要求を相手に伝えられます。

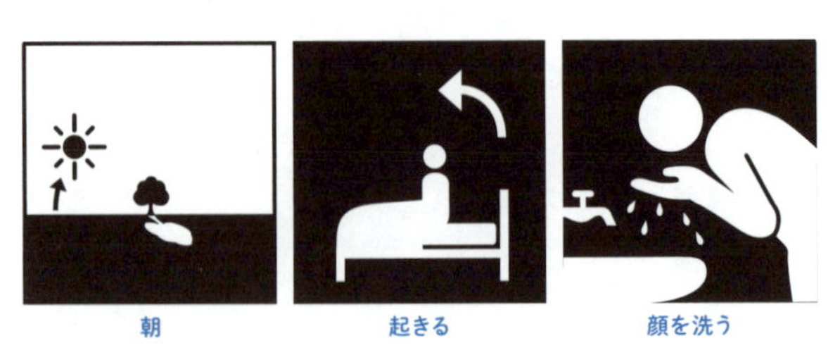

朝　　起きる　　顔を洗う

https://www.kyoyohin.org/ja/research/japan/jis_t0103.php

Chapter 5

図解で困った！

図やグラフ、ビジュアル表現を使うことで、直感的にわかりやすく情報を伝えられます。この章では、図解を用いる際のポイントやレイアウトの基本原則について学びます。

5-1 図解の基礎知識

どうして図解するの？

文字だけでは伝わりにくい複雑な情報を、イラストや図などの　ビジュアル表現を使って理解しやすくすることを図解といいます。例えば、次の文章を読むよりも、図を見るほうが要素同士の関係が把握しやすいでしょう。

> お客様からお申込みがあると、スタッフには受付メールが届き、お客様には確認メールが届きます。

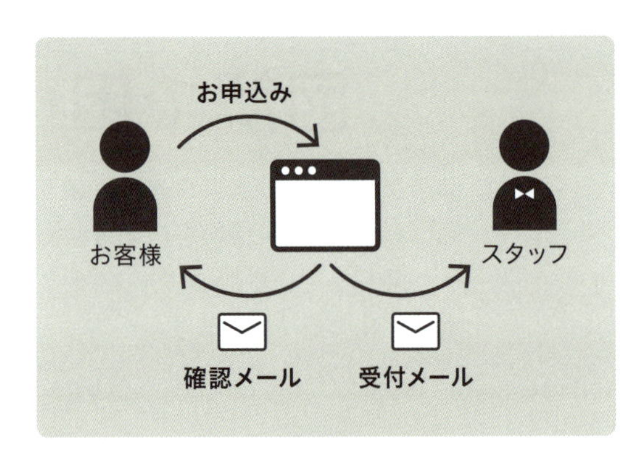

図解の例

図解はプレゼンやレポートなど、ビジネスの場でも目にすることが多いでしょう。資料に図が入っていると、文字や数字のみの文章よりもとっつきやすく、興味をもたれやすいです。その他にも、図解には次のような効果があります。

- 全体像をつかみやすい
- 要素同士の関係性がわかりやすい
- 目に見えない概念をイメージしやすい
- 複雑な情報を整理できる
- 数や量を視覚的に把握できる

ビジュアル表現は強い力をもつからこそ、事前の準備が大切です。発信者が噛み砕けていない内容を図にしようとしても、わかりやすく伝えることはできません。次の流れに沿って情報を整理して、伝えたいメッセージを図に落とし込みましょう。

1. 抽出する

図解で伝えたい情報を絞り込む

2. 観察する

全体の構造や要素同士の関係をつかむ

3. 選ぶ

関係性に合ったチャートやグラフを選ぶ

4. 整える

レイアウトの基本原則（整列・近接・反復）を使って図のベースを整える

5. 強調する

最も伝えたい部分にスポットライトを当てる

図解の種類

図やグラフにはさまざまな種類があります。選び方を間違えると、見る人が混乱してしまいます。それぞれの長所・短所を知って使い分けましょう。

チャート

図解の分類にはいくつかの考え方があります。本書では、図形や矢印を使って要素の関係や概念を表した図を**チャート**と呼びます。要素同士がどんな関係かを観察すれば、どんな図を選べば良いかが見えてきます。

要素の関係	チャートの種類	例
順序、プロセス	**フロー図**	•入会のステップ •業務の流れ
繰り返しのある流れ	**循環図**	•PDCAサイクル •春夏秋冬
包含、重複、排他	**ベン図**	•守備範囲 •3の倍数と4の倍数
階層構造	**ツリー図**	•組織図 •サイトマップ
積み上げ、階級	**ピラミッド図**	•マズローの欲求5段階説 •ビジネスヒエラルキー
一覧	**マトリクス**	•ポートフォリオ分析 •ポジショニングマップ

表とグラフ

試験や観察、調査によって得られたデータを示すには、表やグラフが有効です。データを一覧したり、正確な値を参照したりする場合には表を使います。データ全体の傾向を視覚的に表すにはグラフを使います。

	2020	2021	2022	2023	2024
A社	15	29	41.5	49.8	54.4
B社	81.5	65.3	51.5	40.3	36.1
C社	3.5	5.6	7.0	9.9	9.5

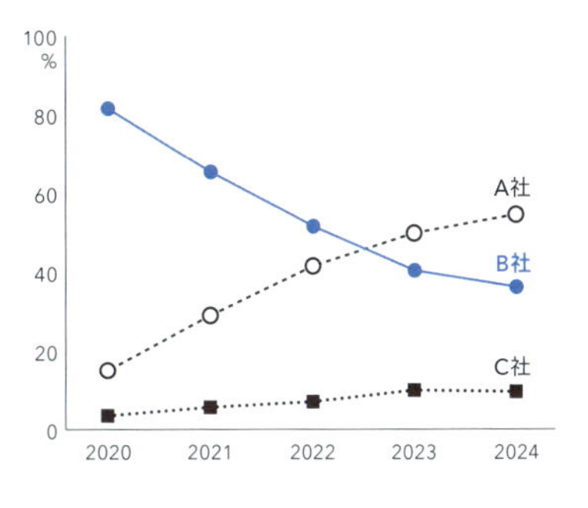

グラフにもいくつかの種類があり、使い方にはルールがあります。データの中で注目したいことに合わせて適切なグラフを選びましょう。

注目したいこと	グラフの種類	例	注意点
値の大小	**棒グラフ**	地域ごとの降水量	基準点は0から
全体に占める割合	**円グラフ**	アンケート結果	比較には不向き
割合の大小／増減	**帯グラフ**	人口の構成の推移	項目の並び順を固定する
値の増減	**折れ線グラフ**	気温の変化	横軸は連続性のあるもの
2つの量の相関関係	**散布図**	体重と身長	因果関係を表すものではない

認知特性を知る

色や形、大きさなどの視覚情報は、文字情報よりも処理速度が速いといわれています。例えば、次の図を見てください。最初に見た文字、次に読んだ文、後回しにした部分……書いてある言葉の意味を認識するよりも先に、そのとおりの順序で読んだのではないでしょうか。

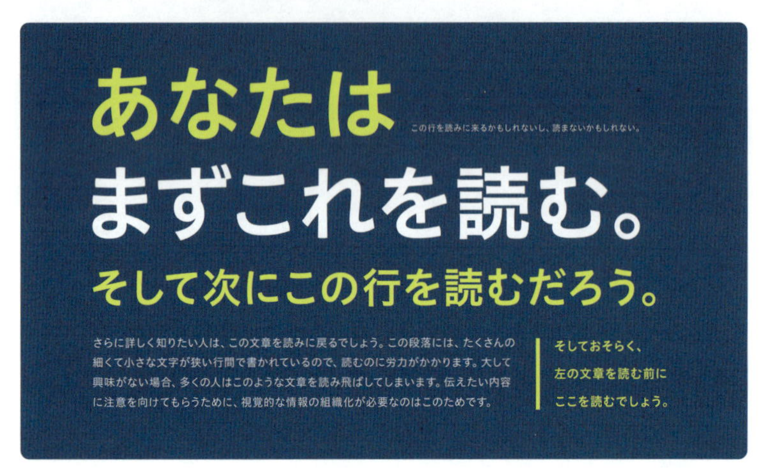

「Understanding Visual Hierarchy Helps Your Customers Understand You」をもとに作成
https://www.appletoncreative.com/blog/understanding-visual-hierarchy-helps-your-customers-understand-you/

このように、わたしたちの視覚情報の処理には一定のパターンがあります。大きなものや目立つもの、動くものに目を向けるのもそのひとつです。人の認知特性を知り、自然な処理の流れに沿うことで、伝わりやすくなります。

わたしたちは外から入ってくるさまざまな情報を一時的に記憶し、必要なものを選んで、過去の経験や知識と組み合わせて判断や行動をしています。

この処理の仕組みを**ワーキングメモリー**といいます。

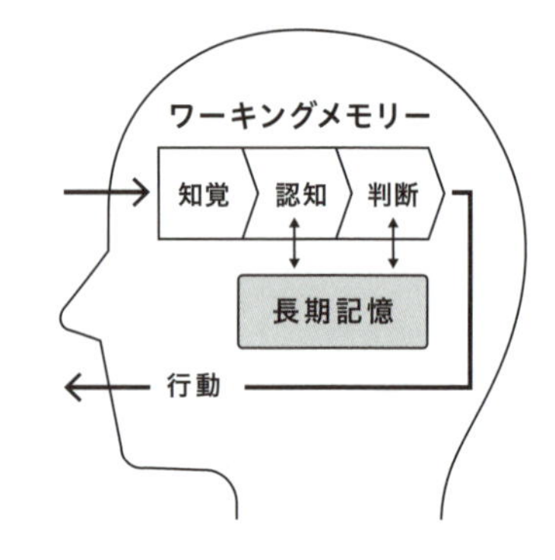

ワーキングメモリーの容量は小さく、同時に処理できる情報の数や持続時間は限られています。この処理能力は人によって異なり、加齢によっても変化します。また、疲れているときや別のことに意識を奪われているときには、処理に時間がかかったり、思わぬミスが起きたりすることもあります。

文子さん

複雑な作業をしようとすると、
元の目的を忘れてしまうことがあります

認知負荷を減らす

ワーキングメモリーにかかる負荷（**認知負荷**）を減らすには、次のような方法があります。本書で取り上げたいくつかの「困った！」と解決方法が共通していることがわかるでしょう。

- **見やすく、読みやすく表示する**：「パッと見てわかる」「すらすら読める」など認知しやすいものを人は好意的に受け取ります。適切なサイズ、色のコントラスト、文字組みを意識しましょう。
- **馴染みのある表現にする**：新しい物事を学ぶときは、すでに知っていることを土台にすると理解しやすくなります。伝える相手の知識や背景に合わせて表現を調整しましょう。
- **一貫性を保つ**：人はそろっていることよりも、そろっていないことに気を取られ、意味を探します。ルールやパターンを守り、混乱を防ぎましょう。
- **選択肢を絞る**：選択肢が多すぎると、比較して選ぶのに労力がかかります。必要な要素を厳選して、優先順位をつけて伝えましょう。
- **ノイズを減らす**：過剰な装飾や、一貫性のない表現は情報処理の邪魔になります。気を散らす要素を削ぎ落として、伝えたい内容に集中できるようにしましょう。

干渉効果

色や形、文字など同時に扱う情報に矛盾があり、直感的な判断を妨げることを**干渉効果**といいます。なかでも意味と色が干渉して理解を妨げることを**ストループ効果**と呼びます。

色や形のもつ意味やイメージ、それまでに学習したルールに沿った配色やレイアウトを行い、見る人が混乱しないようにしましょう。

わるい

色と意味が合っていない

赤 緑 青

よい

色と意味が合っている

赤 緑 青

わるい

色とイメージが合っていない

あったか〜い　つめた〜い

よい

色とイメージが合っている

つめた〜い　あったか〜い

わるい

人と矢印の向きが合っていない

よい

人と矢印の向きが合っている

わるい

ルールから外れた配色・配置

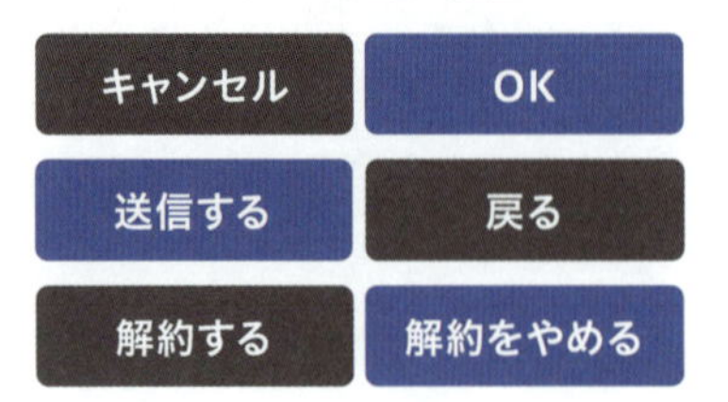

よい

一貫性のある配色・配置

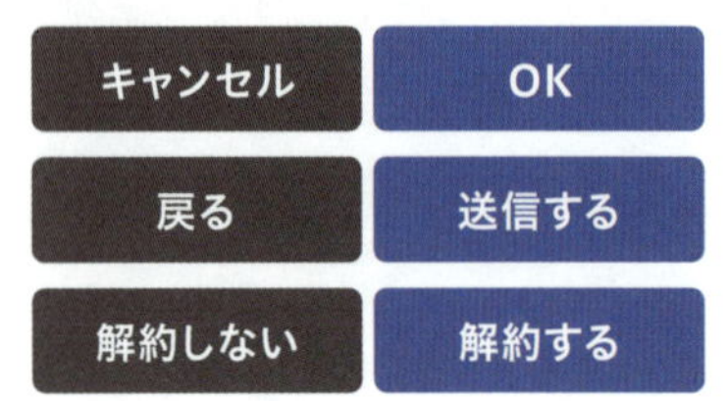

コラム　地図はGoogleマップだけで良い？

所在地や経路を伝えるための地図も、図解のひとつといえるでしょう。Googleマップや Yahoo! 地図などのアプリを利用すれば、詳細な地図を自由な縮尺で見られます。ただし、初めて訪れる場所では、何を目印に目的地へ向かえばいいかわからないこともあります。とくに建物が密集している市街地を歩く場合、ビルの名前や東西南北の情報だけでは迷ってしまいます。

解決策として、目印をピックアップして不要な情報を省略したアクセスマップを作成したり、最寄駅から目的地までの道順をテキストで提供したりする方法があります。テキストによる経路案内は、地図を読むのが苦手な人だけでなく、音声読み上げを利用している人にも役に立ちます。

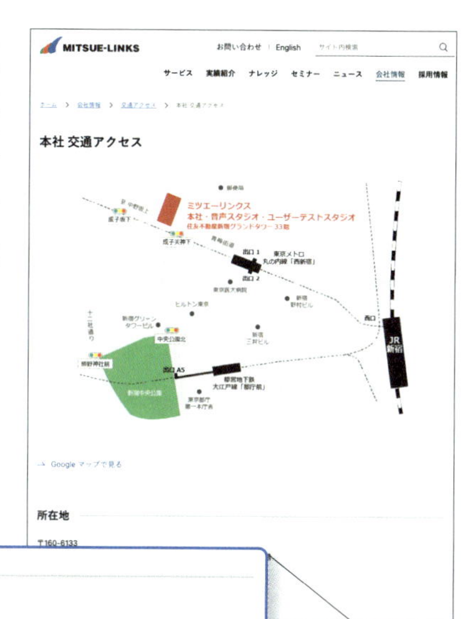

道順

東京メトロ丸ノ内線「西新宿駅」から

西新宿駅の出口1を出て、青梅街道を中野坂上方面へ進みます。三井住友銀行、ファミリーマートなどを右手に260メートルほど歩くと、右手に「新宿グランドタワー」という40階建てのビルがあります。住友不動産新宿グランドタワー1階のエレベーター乗り場で、30階に直行するエレベーター『SHUTTLE 1-30』にお乗りください。30階で降りた後、右方向に進み、31～39階行きのエレベーター『30-39』にお乗りください。33階にミツエーリンクスの受付があります。

都営地下鉄大江戸線「都庁前駅」から

都庁前駅の出口A5を出て、公園通りを青梅街道に向かって進みます。成子天神下の交差点で青梅街道を横断すると、左前方に「住友不動産新宿グランドタワー」という40階建てのビルがあります。住友不動産新宿グランドタワー1階のエレベーター乗り場で、30階に直行するエレベーター『SHUTTLE 1-30』にお乗りください。30階で降りた後、右方向に進み、31～39階行きのエレベーター『30-39』にお乗りください。33階にミツエーリンクスの受付があります。

ミツエーリンクス本社への交通アクセスページ
駅の出口の名称や、進む方向、歩く目線でわかりやすい目印、ビルの1階からオフィスまでの道順が説明されています
https://www.mitsue.co.jp/company/access/head_office.html

レイアウトの4つの基本原則

文字や図、写真などの要素を配置することをレイアウトといいます。レイアウトの目的は、情報の構造をビジュアルに反映することです。明確なレイアウトは情報を理解しやすくし、認知負荷を減らすことにつながります。

レイアウトの4つの基本原則を押さえれば、図解のわかりやすさや美しさは一気に向上します。

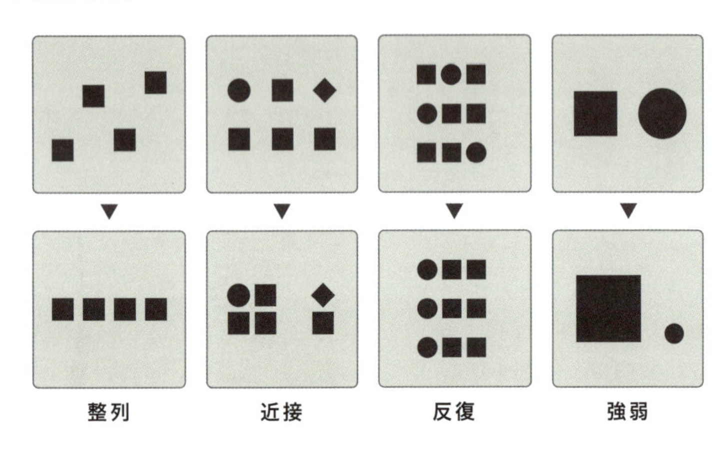

- **整列**：要素の位置や大きさを揃えることは、わかりやすいレイアウトの出発点です。明確なルールに沿って要素を整列させることで、見る人の視線が迷いにくくなります。
- **近接**：距離が近いものは関連性が高く、同じグループに属していると認識されます。複雑な情報も、グループ化して構造を明らかにすると理解しやすくなります。
- **反復**：大きさ、形、色、フォント、余白など、一定のパターンを繰り返すことで秩序と一貫性が生まれます。同じルールを適用することで、複数のグループが並列な関係にあることが伝わり、内容が読み取りやすくなります。
- **強弱**：単調なレイアウトは、注目すべきポイントがわかりにくく、情報を見落としてしまいます。重要な部分や読む順序を示すために、要素に強弱の差をつけ、メリハリのある表現にしましょう。

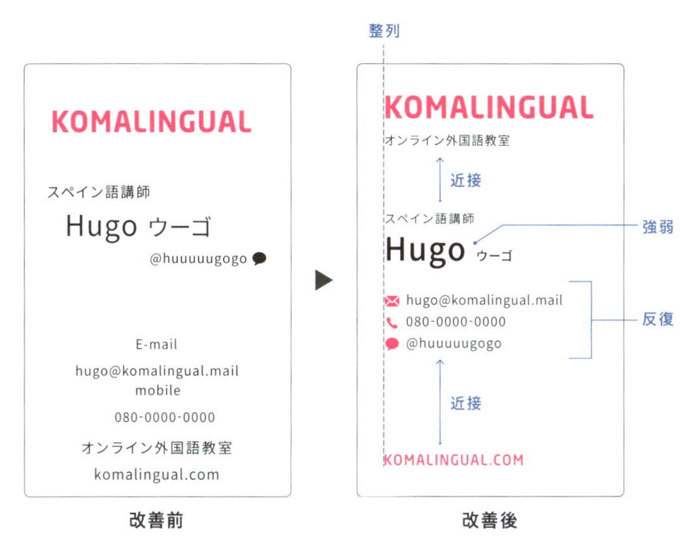

4つの基本原則を名刺のレイアウトに使った例

同じ構成要素でも、レイアウトによって伝わり方は変わります。次の3つの例はどれも6つの要素でできていますが、要素の関係性が異なることがわかるでしょう。ふさわしいレイアウトは、何をどのように伝えたいかという目的から決まります。

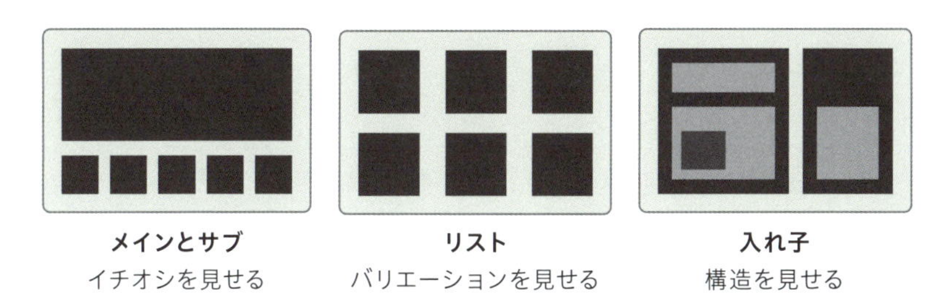

メインとサブ
イチオシを見せる

リスト
バリエーションを見せる

入れ子
構造を見せる

レイアウトの4つの基本原則についてもっと知りたいときは、書籍『ノンデザイナーズ・デザインブック』を手に取ってみてください。豊富な作例をもとに、デザインの基本がわかりやすく解説されています。

書籍『ノンデザイナーズ・デザインブック』

https://book.mynavi.jp/nddb/

5-2 ちぐはぐで困った！

改善前 ここが困った！

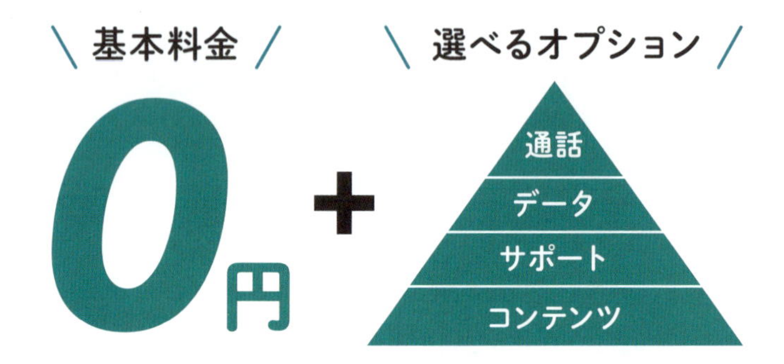

ピラミッド図は下の階層を土台に上へ積み上がる関係や、序列、階級を表すのに向いています。図の形状が表す関係と内容が合っていないと、情報が干渉し合って見る人を混乱させてしまいます。

入会のステップを表すフロー図が右から左に向かっています。視線の自然な流れに逆らっているため、理解しにくい図になっています。

福吉さん
図解の読解が必要だ！

図の形状が内容に合っていないと、かえって見る人の理解を妨げてしまいます。図に要素を当てはめるのではなく、要素の関係を適切に表す図を選びましょう。

改善後　こうしよう！

並列に示したい情報は、リスト状の図にすると良いでしょう。文字のサイズや色、アイコン、角丸の大きさ、余白などのルールを繰り返す（反復する）ことで、複数の要素が並列であることが視覚的に伝わります。

順序や流れを伝えるときには、要素の並び順を視線の自然な流れに合わせましょう。左から右、上から下、時計回りが基本的な視線の流れです。

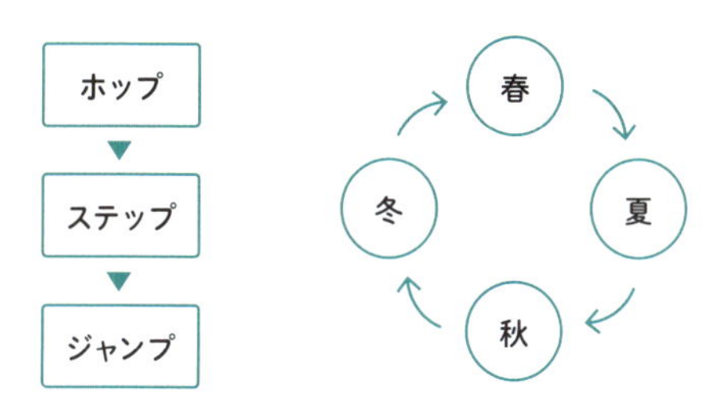

上から下に向かうフロー図、時計回りの循環図

5-3 ミスリードで困った！

事例1 3Dグラフ

改善前 ここが困った！

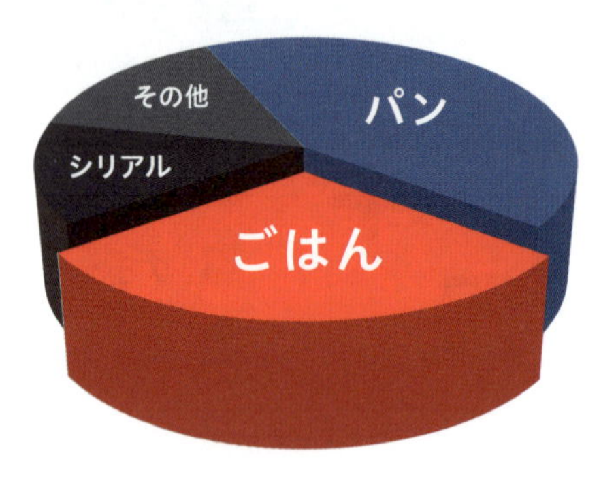

3Dに加工されたグラフは、遠近感で手前の項目が大きく見えるため、正しい情報が伝わりにくくなります。また、赤やオレンジなどの暖色は**膨張色**といって、実際の面積より大きく見えます。

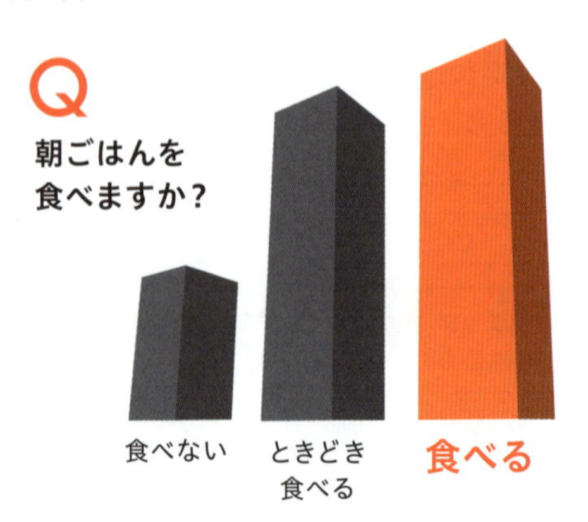

数値やグラフを使った表現は信頼を得やすく、説得力のある印象を与えます。だからこそ、意図的に**ミスリード**を引き起こすような表現をしてはいけません。

改善後 こうしよう！

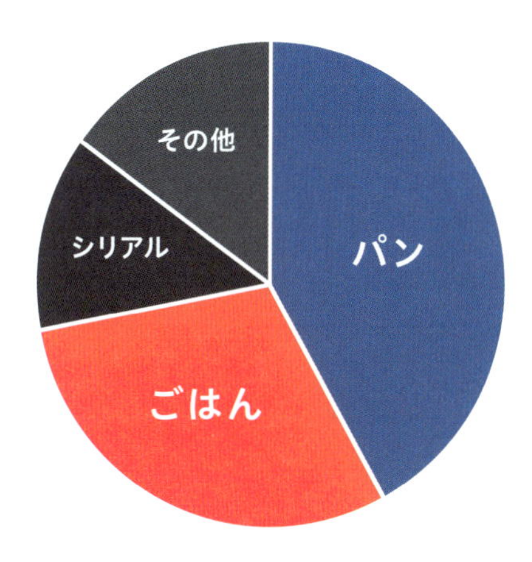

データを視覚化するグラフにおいて、事実を誤認させる表現はご法度です。データを読み取りにくいという点でも、3Dグラフは使わないようにしましょう。

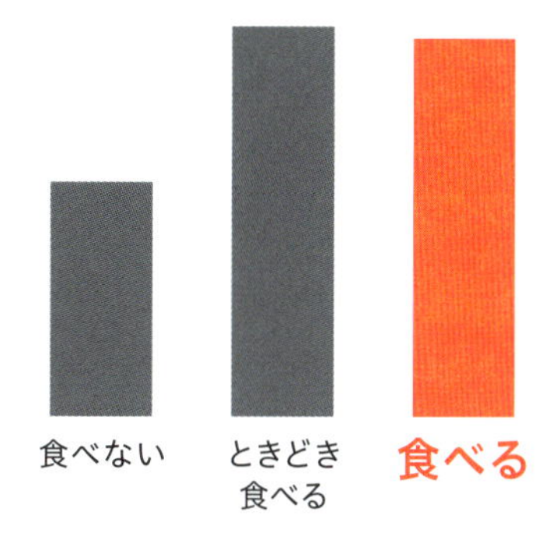

事例2 軸の基準が不適切なグラフ

改善前 ここが困った！

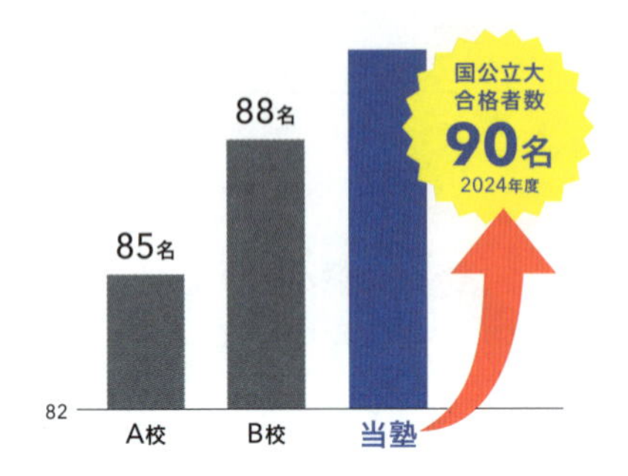

棒グラフの縦軸がゼロから始まっていません。値の差を誇張した表現になっており、合格人数が他校より突出して多いように錯覚させています。

改善後 こうしよう！

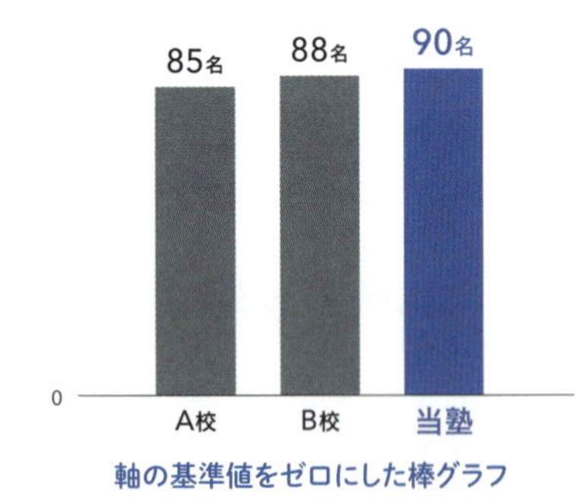

軸の基準値をゼロにした棒グラフ

2024年度 合格実績

国公立大 **90**名

西大 **18**名
駒瑠大 **9**名
都大 **5**名　丸大 **7**名

国公立大合格者数 〉2023年度 **89**名　2022年度 **92**名

確かな実績を数字でアピール

数値の大小を比較する棒グラフでは、軸の基準は必ずゼロから始めます。

このケースでは、合格者数をグラフで他校と比較するより、過去年度からの安定した実績を数字で見せたほうが信頼を得られるかもしれません。何をビジュアル化すれば、メッセージが効果的に伝わるかを考えてみましょう。

コラム　ダークパターンにご用心

「登録した覚えのないメールマガジンが大量に届く」
「定期購入をやめたいのに、解約方法がわからない」

ECサイトやアプリ、サービスを利用していて、こんな経験はないでしょうか。利用者をだまして誤った判断に導いたり、個人情報を引き出したりするデザインを**ダークパターン**といいます。ダークパターンには次の7種のパターンが知られています。

- 行為の強制（Forced Action）
- 執拗な繰り返し（Nagging）
- 妨害（Obstruction）
- こっそり（Sneaking）
- 社会的証明（Social Proof）
- 緊急性（Urgency）
- インターフェース干渉（Interface Interference）

2023年に全国の799人（18～69歳）を対象にした調査では、68.8%がダークパターンを「見たことがある」、46.1%が「ひっかかったことがある」と回答しました。

出典：株式会社コンセント「ダークパターンレポート2023」
https://www.concentinc.jp/news-event/news/2023/11/darkpattern-report2023/

ダークパターンを使うことで、短期的な売上や施策効果は上がるかもしれません。提供者が意図せずにダークパターンを使っているケースもあるでしょう。しかし長期的にみれば、安心して利用できないサービスから利用者は離れてしまいます。

目先の利益に飛びつかず、利用者の体験を向上することに着目しましょう。詳しく学びたい人は「**デザイン倫理**」で調べてみてください。

5-4 ごちゃごちゃで困った！

改善前　ここが困った！

お名前	ご住所	今後のご案内 （いずれかに○印）
	〒 連絡先	・受けても構わない ・不要

色や形、サイズ、フォントの種類が多いため、どこに注目して読み始めれば良いかわかりにくくなっています。まとまりがなく雑然とした印象は、読む意欲を削いでしまいます。

文子さん

ごちゃごちゃしていて、読む気になれません視覚情報のノイズが多いと、伝えたいことへの集中を妨げてしまいます。レイアウトの基本原則「整列」「反復」を意識して、一貫性を保つことでノイズを減らせます。

改善後　こうしよう！

視覚情報を整理して、伝えたい内容に集中できるようにしましょう。

- 色数、フォントの種類を絞る
- 過度な文字の変形（長体・平体）や装飾を避ける
- 整列のルールを明確にする
- 同じ役割のものは見た目を揃える

記入欄は内容に合わせて十分なスペースを確保します。原寸サイズで書き込みやすいか試してみましょう。

ノイズを減らすポイント

次の7つのポイントを意識すると、視覚的なノイズが減ってスッキリ見えます。

1. 見た目を揃える

同じ役割のものは、色や形、線の太さ、サイズ、フォント、余白などのルールを揃えましょう。複数のイラストや写真を使う場合はテイストを統一します。

わるい イラストや形がばらばら

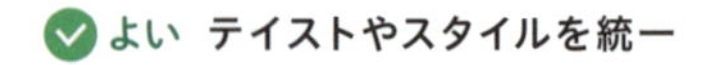

よい テイストやスタイルを統一

ブランクがあっても大丈夫!

いきいき生涯現役!

2. 装飾を最小限に

縁取り線やドロップシャドウなどの装飾は視覚的な情報が増えすぎるため、なるべくシンプルな形状にします。

わるい 装飾が多すぎる

よい 装飾は最小限に

65歳以上の方限定

3. 囲みの内側にも余白

囲みや背景の中にギリギリまでテキストが入っていると、窮屈な印象になります。本文の1文字分以上の余白を設けましょう。

わるい 余白が少ない

就職支援講座やキャリア相談会など、各種セミナーの予定はホームページに順次掲載しています。企業を訪問して職業説明を受けられる「職場見学」も実施しています。

よい 内側の余白が適切

就職支援講座やキャリア相談会など、各種セミナーの予定はホームページに順次掲載しています。企業を訪問して職業説明を受けられる「職場見学」も実施しています。

4. 楕円は要注意

楕円は内側の余白や縦横のバランスが不均等になりやすいため、統一感を保ちにくい図形です。

△ もうすこし　不均等な楕円

個別
相談

ジョブカード
作成支援

✓ よい　正円や長方形、角丸四角形

県内企業
ブース

個別
相談

ジョブカード
作成支援

5. 角を丸めすぎない

角丸の半径が大きいと野暮ったい印象になります。角丸の内側には、丸みの半径以上の余白を設けます。

✕ わるい　角が丸すぎる

会場：小松田ホール 第1会議室
駒瑠市小松田町2丁目1-3
小松田駅西口から徒歩3分

✓ よい　適度な角丸

会場：小松田ホール 第1会議室
駒瑠市小松田町2丁目1-3
小松田駅西口から徒歩3分

6. 画像や矢印は歪めない

不自然に歪んだ矢印や吹き出しは悪目立ちします。イラストや写真の縦横比は変えずに使いましょう。

✕ わるい　図形や画像が歪んでいる

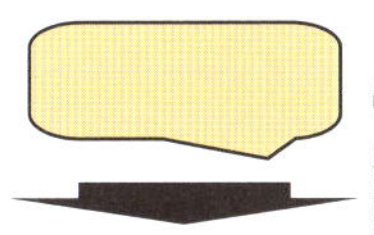

✓ よい　縦横比が適切

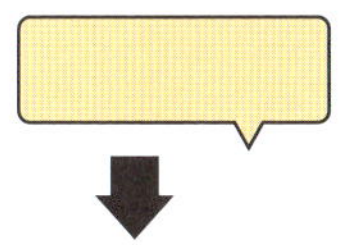

7. 吹き出しのツノはスマートに

吹き出しの**ツノ**（または**しっぽ**）の幅が広すぎたり、長すぎたり短すぎたりすると、吹き出しが何と関連しているかわかりにくくなります。吹き出しのツノの位置と関連する要素のレイアウトを調整しましょう。

✕ わるい　ツノの幅が広く不恰好

✓ よい　ツノの幅や長さが適切

図解で困った！

5

5-5 どっちつかずで困った！

改善前　ここが困った！

写真と説明文、商品間の余白の差が少なく、どの情報がどれに関連しているかが曖昧になっています。左右交互のレイアウト、中央揃えの文章など、整列のルールが複雑なこともわかりにくさの一因です。

要素の距離が近いものは関連性が高く見え、離れているものは関連性が低く見えます。レイアウトの基本原則「近接」「反復」を意識することで、情報のグループが視覚化できます。

改善後　こうしよう！

関連度が高いものは近くに配置し、関連の低いものは遠くなるように余白を調整します。テキストと隣り合う要素の間隔は、テキストの行間より広くします。明快な整列のルールを繰り返すことで、グループを把握しやすく、目的の情報を見つけやすくなります。

レイアウト作業を始める前に

いきなりレイアウト作業を始めると、なし崩し的に余白が埋もれてグルーピングが曖昧になりがちです。まずはざっくりとで構いませんので、全体の構成と配置を決めることからはじめましょう。

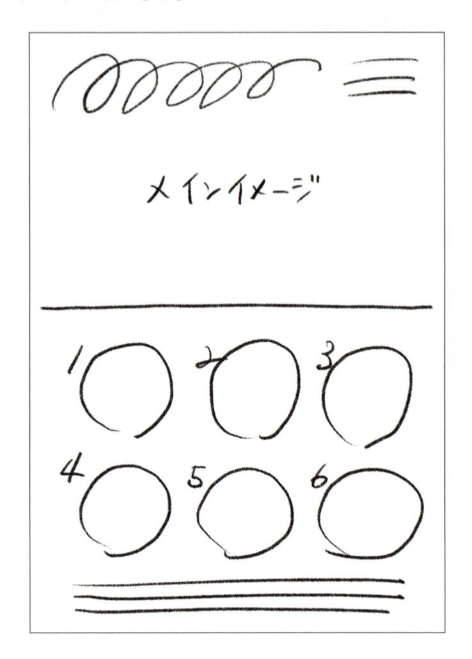

作業が進んだところで、レイアウトに意図したグルーピングや優先度が表れているか確認します。次の点に注目して、レイアウトを客観視してみましょう。

- メインとなる要素のスペースが十分に確保できている
- 情報のグループが一目で伝わる
- グループ同士の関係が見た目にも反映されている
- 補足的な要素が場所をとりすぎていない

区切り線と囲み線

情報のグループを表すには、線で区切ったり枠で囲んだりする方法もあります。区切りを明確にできる点では優れていますが、使いすぎると見た目が煩雑になりやすいため、注意が必要です。

まずは近接と余白でグルーピングを行い、わかりにくい部分だけに線や囲みを使うと良いでしょう。線・囲みを使う場合は、上下左右に均等に十分な余白を設けると美しく仕上がります。

わるい　枠線で囲みすぎ

野菜	高知県の収穫量	全国シェア
なす	39,300トン	13.08%
きゅうり	25,100トン	4.56%
しょうが	19,600トン	42.06%
にら	14,800トン	25.30%
ピーマン	13,500トン	9.62%

よい　枠線は最小限に

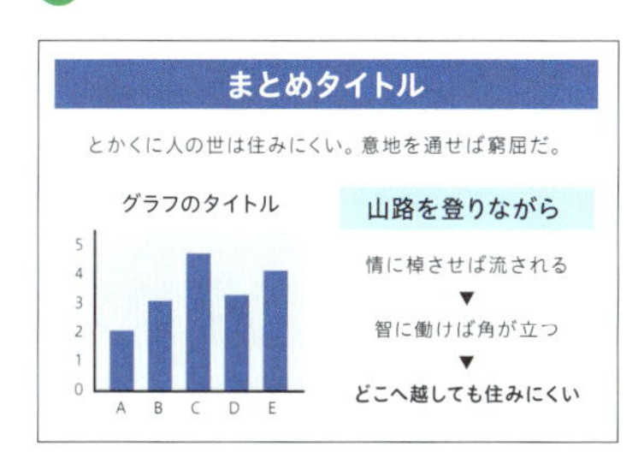

野菜	高知県の収穫量	全国シェア
なす	39,300トン	13.08%
きゅうり	25,100トン	4.56%
しょうが	19,600トン	42.06%
にら	14,800トン	25.30%
ピーマン	13,500トン	9.62%

わるい　余白が不均等

ソフトドリンク
- オレンジジュース
- トマトジュース
- ジンジャーエール
- ウーロン茶

アルコール
- 生ビール
- レモンサワー
- ワイングラス

よい　上下左右に均等な余白

ソフトドリンク
- オレンジジュース
- トマトジュース
- ジンジャーエール
- ウーロン茶

アルコール
- 生ビール
- レモンサワー
- ワイングラス

5-6 目立たなくて困った！

改善前 ここが困った！

すべて太文字で色数や装飾も多く、どこから目を向けて良いかわかりません

同じようなものを複数同時に目の前に出されたら、どれを選べば良いか迷ってしまうでしょう。あれもこれもと強調しすぎると強弱の差がなくなり、かえって目立たなくなってしまいます。読む人が欲しい情報を探すのも一苦労です。

あれもこれも目立たせたいと欲張ると、どれも目立たず、見る人が迷ってしまいます。レイアウトの基本原則「強弱」を意識して、最も注目してほしい部分が目立つようにしましょう。

改善後　こうしよう！

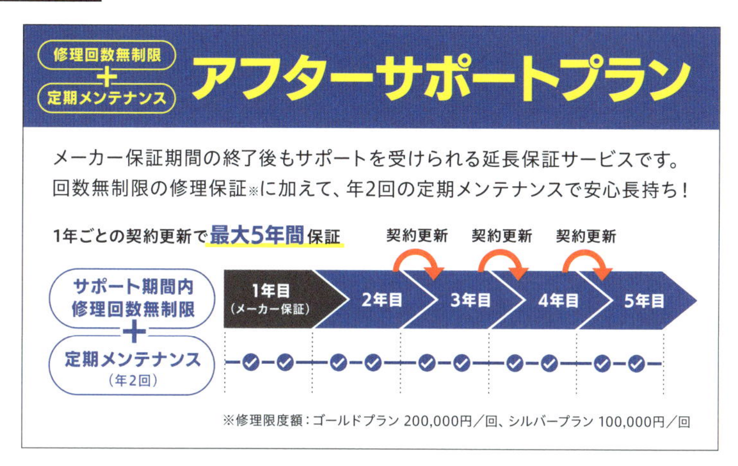

装飾や色数を絞り、優先度に従って文字サイズや太さに強弱をつけました

伝えたい情報を受け取ってもらうために、余分な装飾を削ぎ落としましょう。重複している内容はまとめて、関係の薄い情報は思い切って省きます。文章の整理については、Chapter 4-1「ことばの基礎知識」（122ページ参照）も参考にしてください。

ポイントを目立たせる方法は、強調したい部分を大きく強くするだけではありません。優先度の低い情報は小さく弱くすることで、強調したい部分とのメリハリがつきます。強弱の差を思い切って大きくすると、画面にインパクトが生まれ、重要な情報が自然と目立つようになります。

5-7 見えなくて困った！

改善前 ここが困った！

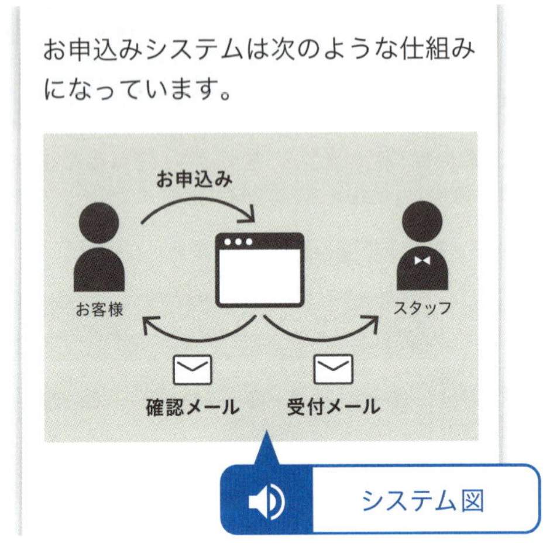

代替テキストに「システム図」とだけ設定されていると、どんなシステムなのか伝わりません

スクリーンリーダーを使ってウェブページを見ている場合や、通信速度が遅い環境、画像のリンクが切れて表示されない時には、図だけで表現している情報が伝わりません。

福吉さん

ここに図があるのはわかるけど、何が書いてあるんだろう?

図解は情報を直感的に表現できます。しかし図が見えない場面では、情報が抜け落ちてしまいます。さまざまな環境からアクセスされるウェブコンテンツでは、図が見えない状況でも伝わる表現を検討しましょう。

改善後 こうしよう！

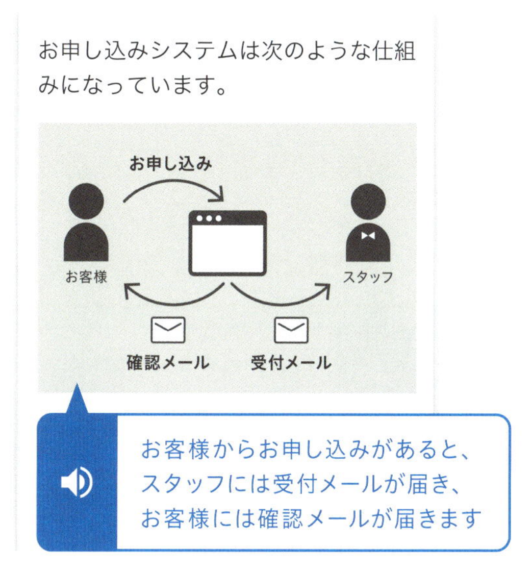

代替テキストに図の説明を設定しました

写真や図解、イラストなどの画像が見えない場合、情報を伝える手段のひとつに代替［だいたい］テキストがあります。「ALT（オルト）」「altテキスト」と呼ばれることもあります。

スクリーンリーダーを使っている場合は、画像の代わりに代替テキストが読み上げられます。画像が表示されない場合には代替テキストを表示することで、そこに含まれる情報を伝えられます。

代替テキスト

代替テキストには、画像と置き換えて過不足のない情報を設定します。

文字を画像にしている場合、代替テキストにもその文字を書きます。図解やグラフなど、図中に大量の文字が含まれる場合には、本文やキャプションで説明する方法もあります。こうした説明文は図が見える人の理解にも役立ちます。この場合、代替テキストには本文から参照しやすい簡潔な名前をつけると良いでしょう。

台風14号の接近のため
2024年9月19日（木）は
臨時休館いたします。

台風14号の接近のため2024年9月
19日（木）は臨時休館いたします。

文字を画像にしている場合の代替テキスト

お申込みシステムは次のような仕組みになっています。

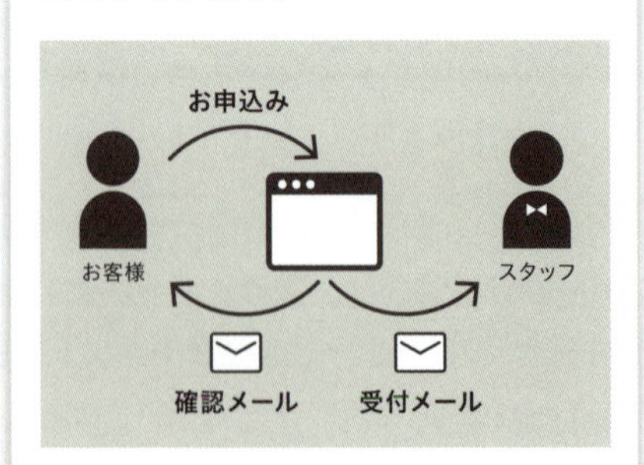

お客様からお申込みがあると、スタッフには受付メールが届き、お客様には確認メールが届きます。

キャプションで図の説明をしている場合は、代替テキストは
「システム図」や「お申込みシステムの仕組み」など簡潔なものにして構いません

多くのSNSやウェブ制作ツールにも、画像に代替テキストを設定する機能が備わっています。WordやPowerPointには、代替テキストを自動で生成する機能があります。

X（旧Twitter）の代替テキスト入力画面

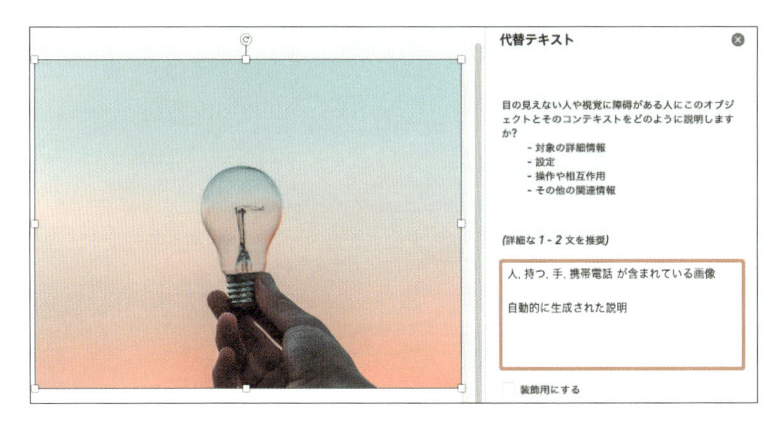

PowerPointの代替テキスト設定パネル

適切な代替テキストはその図が何を伝えているのか、どんな文脈で使われているかによって変わります。そのため、最も適切な代替テキストを判断できるのは、デザインや原稿などコンテンツを作成する人といえます。

コラム PDFをウェブに公開するときには

PDFからテキストをコピーできなくて困った経験はないでしょうか。

イベント情報やプレスリリースなど、ウェブに先行して印刷物が作られるケースはしばしばあります。PDFは閲覧環境によらず、印刷物と同様のレイアウトで表示や保存ができる特徴があります。

しかし、印刷用に作られたPDFはアクセシビリティが十分でないことがあります。複雑なレイアウトのPDFをアクセシブルにするには、多くの手間がかかります。この場合、ウェブ用にコンテンツを再構築したほうが効率的です。ウェブコンテンツにするときには、次のポイントを意識しましょう。

- 文字を画像化（アウトライン化）せずにテキストとして提供する
- 見出しを使い、適切な文書構造でマークアップする
- 図や写真には代替テキストを指定する
- 色分けや下線での強調など、視覚情報に頼った表現を見直す
- 複雑な図解や表組みはシンプルな構造に分解する

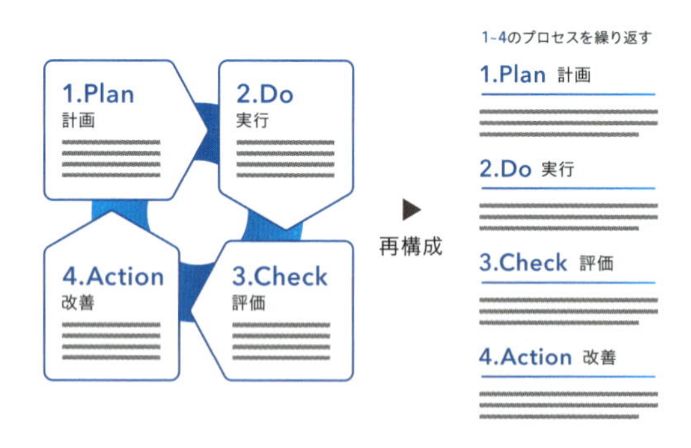

PDF版と合わせてHTML版を提供することで、文字サイズを変更したり、音声読み上げを利用したり、さまざまな方法でアクセスできるようになります。

参考：デジタル庁「ウェブアクセシビリティ導入ガイドブック」
https://www.digital.go.jp/resources/introduction-to-web-accessibility-guidebook

Chapter 6

UIで困った！

この章では、主にウェブサイトやアプリケーションのUI（ユーザーインターフェイス）にまつわる「困った！」を集めました。さまざまな利用者の操作や理解をサポートするUIを考えてみましょう。

6-1 UIの基礎知識

使いやすいUIって?

UI（ユーザーインターフェイス）とは、システムやサービスとそれらを利用する人との接点を指します。ウェブサイトやアプリケーションでは、テキストや画像、ボタン、メニュー、フォームなど利用者が目にするすべてのものが含まれます。利用者はUIを見るだけではなく、操作を行って目的を達成します。どんなに魅力的な見た目でも、使いにくければ利用者は離れてしまいます。

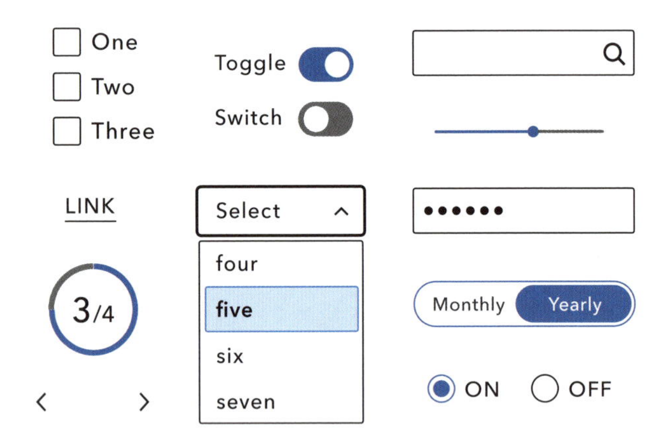

UIを介して利用者が目的を達成するまでには、知覚・認知・操作が繰り返されます。例えば「ボタンを押す」操作も、次ページの表のように分解できます。プロセスのどこかに困りごとがあると、そのUIは使いにくくになってしまいます。

プロセス	困りごとの例
存在を知覚する	• 色のコントラストが不足している • スクリーンリーダーで読み上げられない
ボタンだと認識し、 「押そう」と判断する	• 押せそうに見えない • 押すと何が起こるか予測できない
ボタンを押す	• ボタンが小さくて押せない • 押しにくい場所にある • キーボードで操作できない
操作に対して反応が起こる	• 操作が完了したかどうか判断できない • 意図しない挙動が起こる

使いやすい（ユーザビリティが高い）UIの条件は、利用者が理解しやすく、迷わず操作できることです。見やすくわかりやすい伝え方には、色、文字、言葉、図解など、本書で学んだことが役に立ちます。

理解を助けるインタラクション

利用者の操作に対して反応が起こる**インタラクション**は、UIの使いやすさに深く関係します。ボタンを押しても、押せたことがわかる反応がなければ、利用者は混乱してしまうでしょう。効果的なインタラクションは利用者に操作の完了を確実に伝えます。利用者の理解を助けるインタラクションには、次のようなものがあります。

操作ができたことを知らせるフィードバック

タスクの進行状況を伝えるインジケーター

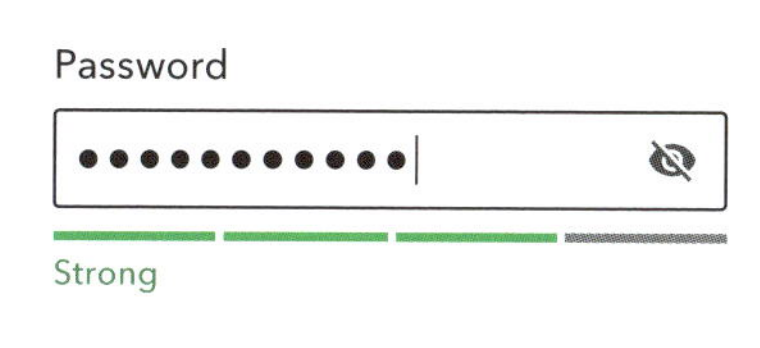

フォームの入力内容のチェック

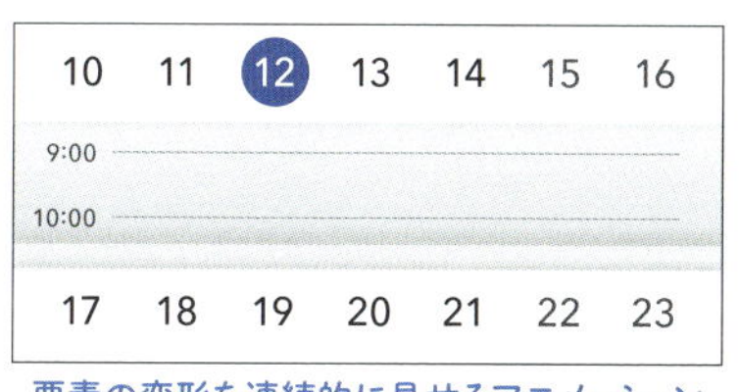

要素の変形を連続的に見せるアニメーション

動きのあるインタラクションのデザインは、静止画での表現や確認がしにくいことがあります。こうした場合は、実装者と一緒にプロトタイプを作ったり、利用者に親しみのあるサービスを観察したりしながら進めると良いでしょう。

できそう × できる

使いやすいUIは「〇〇できそう」という予測と、実際に「〇〇できる」ことがセットになっています。操作できると思ったものが操作できないなど、予測に反した挙動は利用者を混乱させてしまいます。それまでの学習や信頼が損なわれる原因にもなります。

これはリンクテキストでしょうか、
それとも色付き文字でしょうか。
マウスオーバーするとわかります。

例えば、マウスでポインターを合わせた時に下線が付くリンクテキストは、マウスを使えない環境では、単なるテキストかリンクかが判断できない可能性があります。下線やアイコンなど色以外の要素を組み合わせたり、ボタンのような見た目にしたりして、「押せそう」とわかるようにしましょう。

キーボードで操作できる要素は、フォーカスを受け取ったときに**フォーカスインジケーター**が表示されます。

Chrome のパスワード チェ
どの機能が、作業効率とオ
機能の詳細を見る →

Google Chrome標準のフォーカスインジケーター
フォーカスされた要素が枠線で囲まれ、強調表示されます

フォーカスインジケーターを非表示にすると、どこが操作できるかがわからなくなってしまいます。ブラウザ標準のフォーカスインジケーターを使うか、独自のスタイルに変更する場合は明確にフォーカス箇所が伝わるようにしましょう。

媒体特性を知る

誰もが使いやすいUIをデザインするためには、それが「いつ・どこで」「誰が」「どんなふうに」使うかを知ることが欠かせません。印刷物に比べて、デジタル媒体の利用者、閲覧環境、利用方法は幅広く多岐にわたります。

例えば1つのウェブサイトでも、PC、タブレット、スマートフォン、ゲーム機、スマートスピーカーなど、さまざまなデバイスからアクセスできます。操作の方法も、マウス、タッチ、キーボード、コントローラー、音声入力などの手段があります。スマートフォンには、画面の表示内容を音声で読み上げるスクリーンリーダーの機能が標準で搭載されています。このスクリーンリーダーを使えば、視覚障害のある人や画面を見られない状況でも情報を得られます。

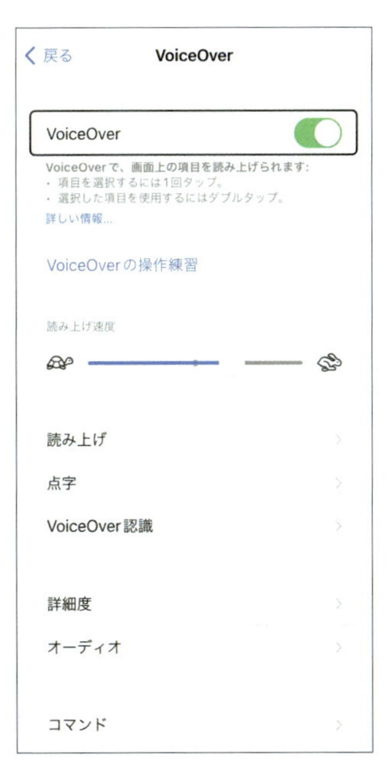

iOSに搭載されているスクリーンリーダー「VoiceOver」の設定画面
読み上げ速度や操作コマンドを使いやすように設定できます

その他にも、利用者の特性や状況に応じて表示の設定や支援技術を組み合わせられます。画面を大きく拡大するツール、色やフォントを変更する機能、テキストを点字に変換する点字ディスプレイ、マウスの代わりにスティックやボタンで操作できる代替マウスなどがあります。

利用者が自分にとって使いやすい方法を選べる柔軟性は、デジタル媒体の大きな特徴です。

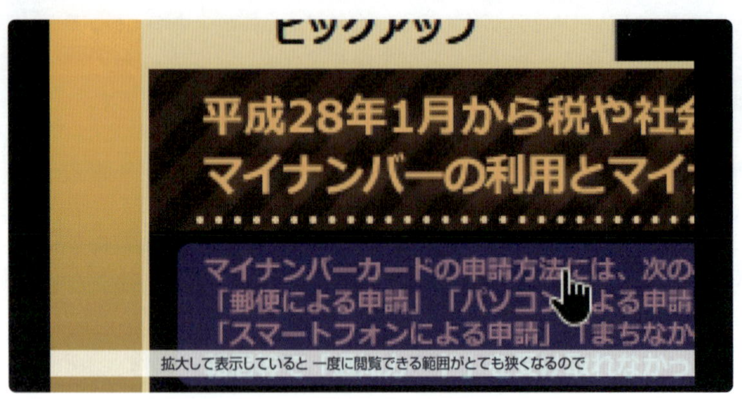

総務省の「視覚障害者（弱視）のウェブページ利用方法」の紹介ビデオから
https://www.youtube.com/watch?v=p80PJXMPIDY

テキストを点字に変換する点字ディスプレイ

福吉さん

私は画面を拡大して使っています。
背景が白いと眩しいので、色を反転させます。
スクリーンリーダーを使うこともあります。

コラム　閃光に注意！

「テレビを見るときは部屋を明るくして離れて見てね」というテロップを見たことのある方も多いでしょう。1997年に放送されたアニメ『ポケットモンスター』の中で強い光が激しく点滅する表現があり、それを見ていた多くのこどもが体調不良になり、救急搬送されました。「ポケモンショック」とも呼ばれるこの事件以来、各放送局のテレビ番組で注意を促すテロップが流れるようになりました。

このような発作を引き起こす可能性のある表現を**閃光**といいます。テレビアニメだけでなく、爆発や稲妻、花火、カメラのフラッシュなどの映像にも閃光が含まれる可能性があります。

NHKと日本民間放送連盟は**アニメーション等の映像手法に関するガイドライン**を定め、次のような表現には細心の注意を払うことを呼びかけました。

- 1秒間に3回を超える映像や光の点滅、とくに鮮やかな赤の点滅
- コントラストの強い画面の反転や急激な場面転換
- 画面の大部分を占める規則的なパターン模様

ウェブサイトや動画は、暗い部屋で顔を近づけて見ることもあります。画面が発光する媒体では、閃光や激しく点滅する表現は避けるように注意しましょう。

https://j-ba.or.jp/category/broadcasting/jba103852

色

デジタル媒体では、見る人の表示環境によって色の見え方がばらつきやすいです。ディスプレイの解像度や色域によっては、微妙な色の差が伝わらないこともあります。視覚情報を使わずに閲覧する人もいることを考慮して、次のことを意識しましょう。

- 情報を伝える要素には十分なコントラストを確保する
- 色だけで情報を伝えず、テキストを組み合わせる

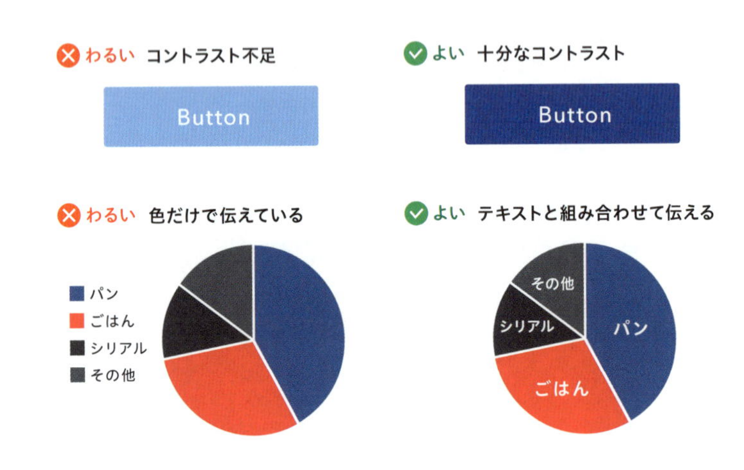

文字

スクリーン上では、**ピクセル**と呼ばれる小さな点が集まって画面が表示されています。文字サイズが小さいと、文字を表現するピクセル数が少なくなるため、文字が見にくく読みにくくなります。また、スクリーン自体が発光しているため、文字の細かい部分が光に埋もれやすいです。

10ピクセルの「あ」

PCやスマートフォンなどのOSに標準でインストールされているフォントを**システムフォント**といいます。ウェブサイトやアプリケーションでは、とくに指定のない限りシステムフォントで表示されます。どんな環境でも同じフォントで表示したい場合には**ウェブフォント**を使います。

白い背景では明朝体などの細い線が埋もれやすく、
黒背景では太字の込み入った部分がつぶれやすい

図解

ウェブサイトやアプリケーションは、視覚を使わずにアクセスしている人もいます。色や形、大きさなど視覚的な手がかりのみで表現せず、テキスト情報と組み合わせて伝えましょう。図には代替テキストを設定するか、本文やキャプションで説明を加えます。代替テキストについては、Chapter 5-7「見えなくて困った！」（178ページ参照）をご参照ください。

多くのウェブサイトでは、表示する画面の幅に応じてレイアウトを変更するレスポンシブウェブデザインが採用されています。これにより、PCとスマートフォンとで要素の位置や大きさが異なる場合もあります。「右の図」「左上のボタン」といった相対的な位置情報ではなく、具体的な名称で伝えるようにしましょう。

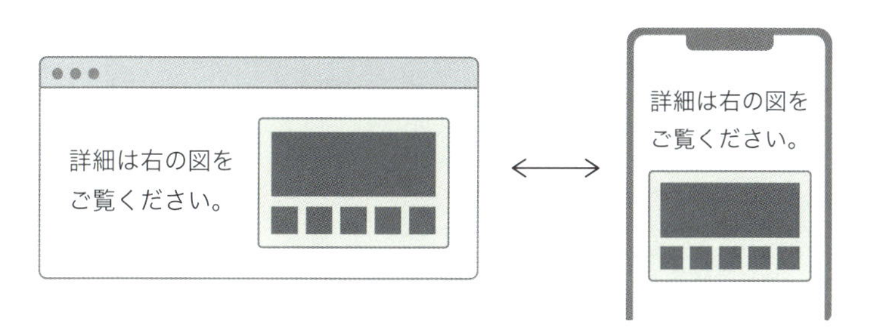

画面幅に応じてレイアウトが変わり、要素の位置関係が変化する例

6-2 勝手に動いて困った！

事例 1 自動で動くUI

改善前 ここが困った！

新着情報 職員採用資格試験について 2024/9/17 予約資料郵送貸出サービス開始

テキストが動き続けるニュースティッカー

ニュースティッカーや**カルーセル**、**スライドショー**では、1つのエリアに複数の**コンテンツ**が次々と表示されます。文章を読むスピードは人によって異なります。自動でコンテンツが切り替わると、読み終わる前に動いてしまったり、意図しないリンクをタップしたりしてしまいます。

一定の時間間隔でバナーが切り替わるカルーセル

文子さん

読んでいる途中で流れて行ってしまいました

要素を動かす、操作に対して反応を返すといったインタラクションを効果的に使うと、利用者の理解を助けられます。ただし、利用者の意図しないタイミングでコンテンツが動くと混乱を招きます。

改善後　こうしよう！

新着情報

- 2024/9/25 職員採用資格試験について
- 2024/9/17 予約資料郵送貸出サービス開始
- 2024/8/31 科学クラブの活動時間短縮について

最新のニュース3件をリスト形式で表示しました

コンテンツを動かさずに表示する方法がないか検討してみましょう。複数のバナーや画像の出現頻度を均等にしたい場合は、ページにアクセスするたびにランダムに表示する方法もあります。

バナーのカルーセルに一時停止／再生ボタンをつけた例

コンテンツを切り替えて表示する場合は、見る人が自分のタイミングで表示をコントロールできるUIを提供しましょう。例えば、一時停止ボタンを設ける、自動ではなく手動で切り替えるようにする、といった方法があります。

事例2 過剰なアニメーション

改善前 ここが困った！

スクロールに合わせて画像、テキスト、背景、アイコンなど、さまざまな要素が動く例

動く要素は人の目を引きやすく、集中を妨げることがあります。画面内の要素が動き続けると、ADHDなど気が散りやすい特性のある人や集中しにくい状況でコンテンツを読むことが難しくなる場合があります。また、想定しないアニメーションが続くと、画面酔いを起こしてしまう人もいます。

ウーゴさん

あちこち動いて読みにくいなぁ！
そもそも何を見に来たんだっけ?

改善後　こうしよう！

利用者がマウスオーバー（タップ）した部分のみにアニメーションを使った例

演出のためのアニメーションを使いすぎると「動いている」印象のみが強くなり、コンテンツへの集中を妨げることになりかねません。アニメーションはここぞという場面に絞って使うのがおすすめです。

ウェブデザインギャラリーAAA11Y（Accessible Website Gallery）には、モダンな技術やアニメーションを取り入れながらアクセシビリティを考慮したウェブサイトが多数掲載されています。

https://www.aaa11y.com/

6-3 現在地不明で困った！

事例1 現在地の手がかりがない

改善前 ここが困った！

開いたページがインタビューの途中から始まっているようですが、現在地や入り口のページを知る手がかりがありません。

利用者はいつも正面入り口から順に進むとは限りません。SNSや検索から特定のポイントにアクセスすることもあります。想定と異なる場所にいると感じたとき、現在地を知る手がかりがないと迷ってしまいます。

町田さん
思ったのと違うページを見ているのかしら？

道に迷ったとき、自分が今どこにいるのかを確認するでしょう。長く複雑な道のりを行くときも、現在地が全体のどこにあたるか把握できると安心して進めます。

改善後　こうしよう！

ナビゲーションやタブなどで、現在地をわかりやすく表示します。このとき、色だけでなく複数の手がかりが得られるように検討しましょう。ナビゲーションは位置や順序に一貫性をもたせると見つけやすくなります。コンテンツを複数のページに分割する場合は、現在地が全体の中でどこにあたるかを把握できるようにしましょう。

3階層以上あるサイトでは**パンくずリスト**を設けるのも効果的です。

TOP ＞ Chapter 6 ＞ 3 現在地不明で困った！ ＞ Case1 現在地の手がかりがない

パンくずリスト

事例2 全体像がわからない

改善前 ここが困った！

ご住所 必須

駒瑠市小松田町1丁目2-3

電話番号 必須

0000-0000-0000

配達希望日

指定なし ▼

次へ ＞

オンラインショップやモバイルオーダー、アンケートなど、たくさんの入力項目があるフォームでは、ステップごとに画面を分けることがあります。このとき、フォームの全体像と現在地がわからないと、完了までにどれくらいかかるか予想できません。

改善後　こうしよう！

1 お客様情報　2 お届け先　3 支払い方法　4 内容確認　5 注文完了

お届け先の指定

郵便番号 必須

000-0000

ご住所 必須

駒瑠市小松田町1丁目2-3

電話番号 必須

複数ステップに分かれたフォームでは、全体像と進捗がわかる**プログレスバー**や**ステップインジケーター**を表示しましょう。入力の所要時間の目安や、事前に準備が必要なものがわかると、利用者が落ち着いて入力できます。

ワンポイント

入力フォームの**プレースホルダー**をラベルや説明文として利用しているケースがあります。しかし、プレースホルダーは入力を始めると消えるため、入力中や修正時に確認できなくなってしまいます。ラベルや説明文、注釈は入力欄の外に明記しましょう。

ふりがな

メールアドレス［必須］

プレースホルダー

6-4 行先不明で困った！

改善前　ここが困った！

詳しくはこちらをご覧ください。

「こちら」「ここをクリック」「もっと見る」「詳細」といったリンクテキストは、単独ではどこへリンクしているかが不明です。前後の文脈を読めばリンク先が推測できることもありますが、ページ内のリンクを飛ばし読みしている場合には理解できません。スクリーンリーダーなどの支援技術でページ内のリンクを一覧する機能を使うと、行き先のわからないリンクが並んでしまいます。また、「https://exmaple.com/abc/12345.html」のようにURLをそのままリンクにする場合にも、リンク先が予測しにくくなります。

「詳しくみる」のみがリンクになっている例
画像やテキストをタップ（クリック）しても反応しないため、リンクに気付きにくいのも問題です

ウェブ上ではリンクをたどりながらページ間を移動します。行き先のわからないリンクテキストは、見る人を迷わせてしまいます。

改善後　こうしよう！

詳しくはパブリックコメント受付ページをご覧ください。

リンクテキストにはリンク先を予測しやすい内容を含めましょう。リンク先のページタイトルや「○○はこちら」のように前後のテキストをリンクに含めます。

福吉さん
リンク先がわかりやすくなった！

リンク先のわかるテキストをリンクに含めました

6-5 紛らわしくて困った！

改善前 ここが困った！

ケイくん

みんなのデザイン

そしてジョバンニはすぐうしろの天気輪の柱がいつかぼんやりした三角標の形になって、しばらく蛍のよう

見出しがボタンに見える例

<u>日時</u>　2024年8月8日（木）13:00〜15:00

<u>場所</u>　小松田ホール 2F

<u>参加費</u>　無料

テキストの装飾に下線を使うと、リンクと紛らわしく見えます

世界中の多くのサイトで、リンクテキストには下線付きの青色が使われています。これと似たようなスタイルをリンクでない部分に使うと、見る人を混乱させてしまいます。同様に、枠で囲まれたテキストや、背景色や立体感のある四角形もボタンのように見えることがあります。

押せそうで押せなかったり、思っていたのと違ったり、予測に反する挙動は利用者を混乱させてしまいます。標準的なスタイルを知って、紛らわしい表現を避けましょう。

改善後　こうしよう！

みんなのデザイン

そしてジョバンニはすぐうしろの天気輪の柱がいつかぼんやりした三角標の形になって、しばらく蛍のよう

ボタンやリンクと見分けやすいスタイルに変更しました

日時	2024年8月8日（木）13:00～15:00
場所	小松田ホール 2F
参加費	無料

下線をやめて、文字の太さを変えました

テキストを装飾したり強調したりするときは、リンクやボタンと紛らわしいスタイルになっていないか確認しましょう。同じような見た目で、場所によって押せたり押せなかったりすると混乱を招きます。リンクやボタンのスタイルに一貫性を保ちましょう。

改善前　ここが困った！

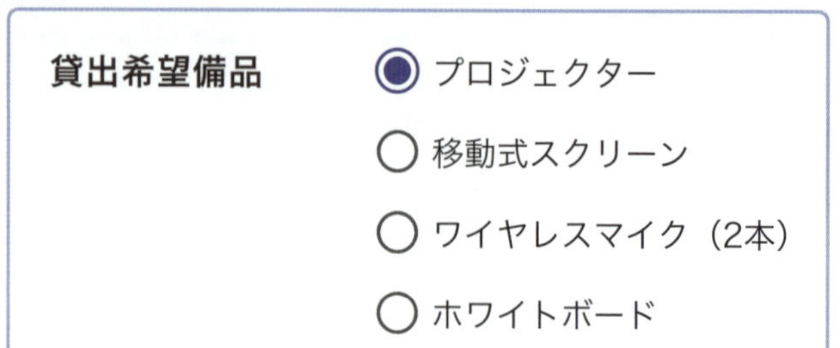

選択項目がラジオボタンのように見える例

大川さん

複数選択できないと思った！

フォームの**チェックボックス**と**ラジオボタン**は異なる用途で使われます。チェックボックスが複数の項目を選択できるのに対し、ラジオボタンは1項目のみ選択できます。チェックボックスは四角形にチェックマーク、ラジオボタンは円に丸い塗りつぶしが標準的なスタイルです。チェックボックスがラジオボタンのような見た目になっていると、利用者は機能を勘違いしてしまいます。

改善後　こうしよう！

貸出希望備品
複数選択可

- ☑ プロジェクター
- ☑ 移動式スクリーン
- ☑ ワイヤレスマイク（2本）
- ☐ ホワイトボード

複数選択できる項目をチェックボックスで実装した例
ラベルに「複数選択可」であることも明記しました

フォームのパーツに独自のスタイルを使う場合は、元々の機能が損なわれていないか、誤解を招く表現になっていないかを確認しましょう。

コラム 「困った！」を体験してみよう

UIの困りごとを体験できるウェブサイトを紹介します。

架空の地方自治体「駒瑠市（こまるし）」のサイトでは、WCAG（Web Content Accessibility Guidelines）の達成基準と対応したアクセシビリティ上の問題を設定して体験できます。

https://a11yc.com/city-komaru/

User Inyerfaceでは、会員登録フォームを通して直感的な操作を徹底的に邪魔するUIを体験できます。

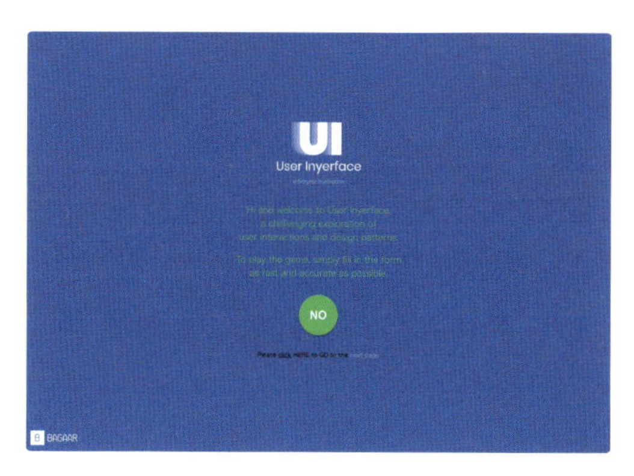

https://userinyerface.com/

6-6 触(さわ)れなくて困った！

事例 1 小さくて触れない

改善前 ここが困った！

Tags

インプット カスタマイズ 効率化 Zoom 副業
プレゼン 文章術 アウトプッ アプリ SNS
ガジェット ノート術 iPh ネジメント

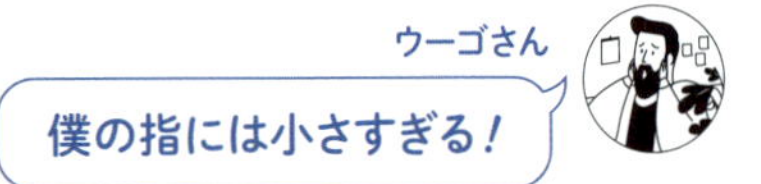

小さなリンクやボタンが密集していると、意図しないものをタップしてしまうことがあります。手の震えなどの運動障害のある人や利き手でない手で操作している場合にも、細かな操作が難しくなります。

改善後 こうしよう！

タップできる領域を広げ、リンク同士の間隔も広げました。

利用者はマウスで操作をしているとは限りません。さまざまな環境からアクセスできるようタッチデバイスやキーボードでも操作できるようにしましょう。

リンクやボタンには、十分な大きさと間隔を設けましょう。タッチデバイスで操作しやすいサイズが確保されていれば、マウスやその他の方法でも操作しやすくなります。

WCAG（Web Content Accessibility Guidelines）、Appleの**Human Interface Guidelines**、Googleの**Material Design Guidelines**では、タップ可能な領域の最小サイズに関するガイドラインが示されています。

ガイドライン	最小サイズ	
	最低限の基準	高度な基準
WCAG 2.2（ウェブコンテンツ）	24×24 px以上	44×44px以上
Human Interface Guidelines（iOS）	44×44 ポイント以上	
Material Design Guidelines（Android）	48×48 dp以上	

チェックボックスやラジオボタン、アイコンの付いたリンクは、ラベル（テキスト）部分も押せるようにすると操作しやすくなります。

事例2 キーボードで触(さわ)れない

改善前 ここが困った！

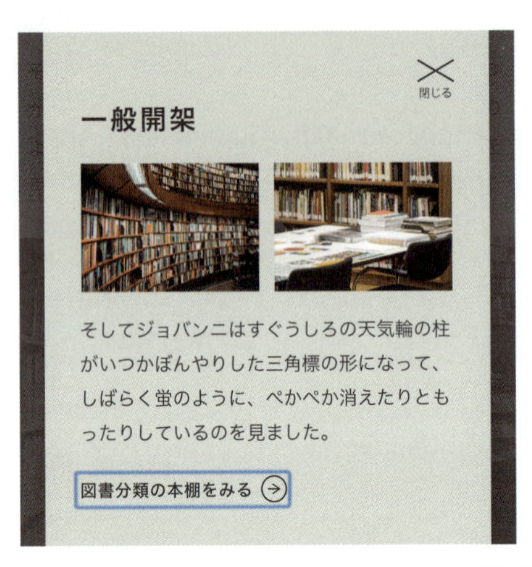

モーダルダイアログを閉じるボタンがフォーカスを受け取らない状態になっている例
表示幅や拡大率によっては、スクロールで閉じるボタンが見えなくなることもあります

キーボードで操作をしているとき、ボタンがフォーカスを受け取らない状態になっていると操作ができません。スクリーンリーダーを利用している人や、画面を拡大して見ている人にはボタンの存在が伝わらないことがあります。

福吉さん

もとのページにはどうやったら戻れるの？

改善後　こうしよう！

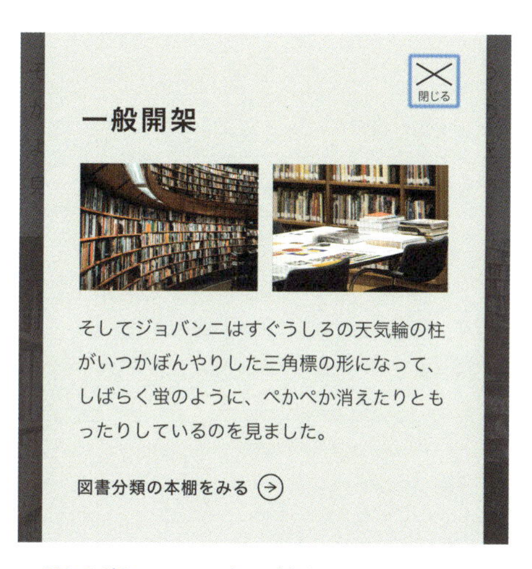

閉じるボタンにフォーカスがあたるようになりました

マウスやタップで操作できる要素は、キーボードでも操作できるか確認しましょう。リンクやボタン、フォームのパーツをはじめ、**タブ**、**アコーディオン**（**開閉メニュー**）、**モーダルダイアログ**も忘れずにチェックしましょう。キーボードで操作できるようになっていれば、その他のデバイスでも操作ができます。

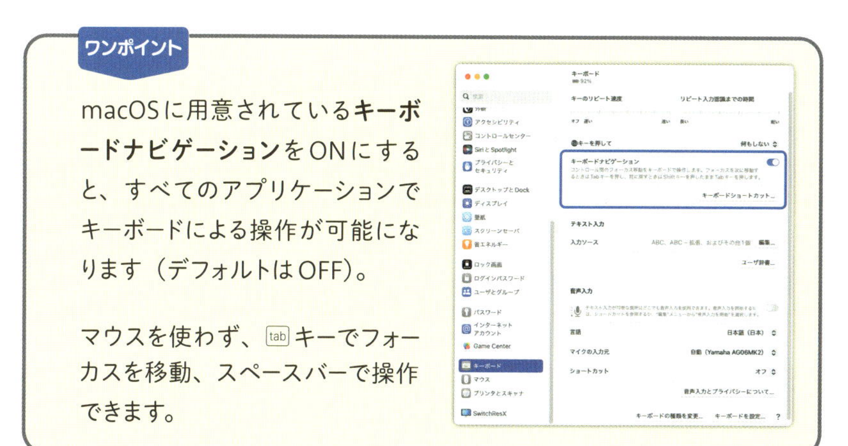

ワンポイント

macOSに用意されている**キーボードナビゲーション**をONにすると、すべてのアプリケーションでキーボードによる操作が可能になります（デフォルトはOFF）。

マウスを使わず、tab キーでフォーカスを移動、スペースバーで操作できます。

6-7 うっかりミスで困った！

改善前 ここが困った！

お名前［必須］

メールアドレス［必須］

電話番号

お問合せ内容［必須］

リセット　確認

異なる機能のボタンが同じ見た目で並んでいる例

ぼんやりしているときや慌てているとき、ボタンを間違えて押してしまうことは誰にでも起こります。リセットボタンを誤って押すと、入力内容がすべて消えてしまいます。

うっかりミスは誰にでもあるものです。ミスを誘発しない設計にしたうえで、もしミスが起こってもやり直しや修正ができるようにしましょう。

改善後 こうしよう！

お名前 [必須]

鈴木文子

メールアドレス [必須]

fumifumi@xxxxxx.com

電話番号

0000-0000-0000

お問合せ内容 [必須]

9月に訪問を予定しています。
どんな花が見頃でしょうか。
園内で飲食できる場所はありますか？

確認

リセット機能をなくした例

リセットボタンのように誤操作による影響が大きな機能は、本当に必要かどうか検討しましょう。

重要な内容を扱う入力フォームには送信前に確認画面を設けて、誤入力を修正できるようにします。

リセット機能が必要な場合は、確認や警告メッセージが出る仕組みにすると誤操作をキャンセルできます。複数のボタンを並べる場合は、一貫したルールに従って配置します。

リセットボタンを押すと、確認のダイアログが出る例。
すべての入力内容が消えることを伝えています

入力内容にミスがあり、エラーを出す場合は、エラー箇所と修正方法を具体的に示しましょう。

エラー箇所を色だけで表すと、どこを修正すれば良いかわからない場合があります。
修正方法がわからないと、エラーを解消できません。

Chapter 7

おさらい

誰かの「困った！」は改善のヒントであり、デザインの伸びしろです。色、文字、言葉、図解、UIについて学んできたことを合わせてチェックしてみましょう。

7-1 困った！さがし

演習1：文化施設の館内マップ

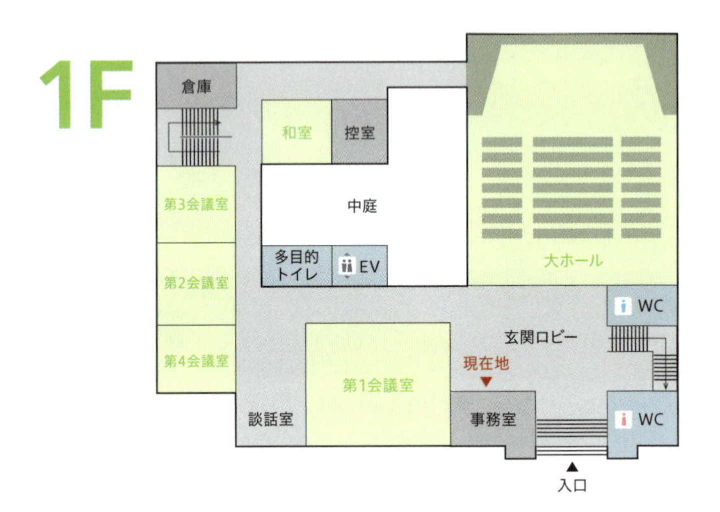

ヒント

- P型色覚、D型色覚の人も現在地がすぐに見つけられますか？
- 薄暗い場所でも文字は読みやすいですか？
- 女子トイレと男子トイレが見分けられますか？
- EV、WCとは何でしょうか？

ここまでのおさらいとして、デザインのチェックをしてみましょう。どんな「困った！」が隠れているでしょうか？ どんな改善ができそうですか？

演習2：売上報告資料のグラフ

上期 支店別売上高

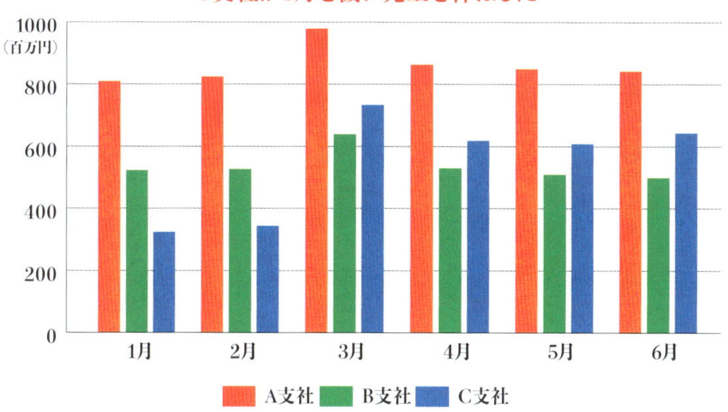

ヒント

- グラフの形状は伝えたい情報に合っていますか？
- 各支社の色が見分けやすいですか？
- フォントの選択は適切でしょうか？

ケイくん

ひとつだけ色が違うのかな？

演習3：新築完成見学会のバナー

ヒント

- 掲載する情報量は適切でしょうか？
- 視線の移動はスムーズですか？
- スマートフォンでも文字は読めますか？
- 適切なコントラスト比を確保できていますか？

演習4：ニュースサイトの記事一覧

ヒント

- 情報のグルーピングは明確ですか？
- どこをタップすれば記事の詳細ページに行けそうでしょうか？
- メニューから欲しい情報を見つけられそうですか？

文子さん

検索しようとしたら、違う場所に来てしまったみたい

7-2 チェックリスト

色

- □ 見分けにくい色が隣り合っていない
- □ 色のみで情報を区別させない
- □ 色覚シミュレーションをしても情報が伝わる
- □ モノクロコピーしても情報が伝わる
- □ 色以外でも情報が伝わる
- □ 情報を伝える要素と背景の色のコントラストを確保している
- □ 色分けする場合は色の面積をなるべく大きくする
- □ 色名でコミュニケーションする場合は色名を記載する

文字

- □ 原寸・現場で文字サイズや太さを確認する
- □ 本文の行間は文字サイズの50%以上確保する
- □ 本文は1行あたり10～40字程度にする
- □ 文字を変形していない
- □ 文章を読む順序で迷わない
- □ 文字サイズやフォントを変更できる（ウェブ）
  ※ブラウザの設定や拡張機能を使える

「困った！」に先回りするチェック項目をまとめました。特設サイトからPDFをダウンロードできます（https://komatta-design.studio.site/）。

ことば

- □ 対象者に合わせた言葉づかいをしている
- □ 専門用語、業界用語、略語に説明がある
- □ 表記に一貫性がある
- □ 見出しから読みたい情報を見つけられる
- □ 動画や音声に字幕がある
- □ 複数の連絡手段がある

図解

- □ 内容と図の形状が矛盾しない
- □ 色やフォント、形状、装飾を多用していない
- □ 優先度の高い順に強弱がついている
- □ 情報の関連度に合わせて余白を設定している
- □ レイアウトのルールが明確になっている
- □ 画像に同等の情報を伝える代替テキストを設定している（ウェブ）

UI

- □ 利用者が動きをコントロールできる
- □ リンクテキストからリンク先を予測できる
- □ 全体像と現在地を知る手段がある
- □ タッチデバイスで操作できる
- □ キーボードで操作できる
- □ フォーカスインジケーターを表示する
- □ うっかりミスを取り消す手段がある

アルファベット

あ行

か行

さ行

た行

な行

は行

ま行

や行

ら行

参考文献

おすすめサイト

- ウェブアクセシビリティ基盤委員会
  https://waic.jp/
- エー イレブン ワイ［WebA11y.jp］
  https://weba11y.jp/
- accrefs - Webアクセシビリティの参考資料まとめ
  https://accrefs.jp/
- AccessiブルGoGo! チャンネル
  https://www.youtube.com/c/a11ygogo
- Accessible & Usable
  https://accessible-usable.net/
- NPO法人カラーユニバーサルデザイン機構（CUDO）
  https://www.cudo.jp/
- 文字の手帖（株式会社モリサワ）
  https://www.morisawa.co.jp/culture/
- AAA11Y（Accessible Website Gallery）
  https://www.aaa11y.com/

おすすめ書籍

- **『ミスマッチ 見えないユーザーを排除しない「インクルーシブ」なデザインへ』**
  キャット・ホームズ 著、大野 千鶴 翻訳（2019）ビー・エヌ・エヌ
- **『デザイニングWebアクセシビリティ アクセシブルな設計やコンテンツ制作のアプローチ』**
  太田 良典、伊原 力也（2015）ボーンデジタル
- **『色彩検定公式テキストUC級』**（2022年改訂版）
  内閣府認定公益社団法人 色彩検定協会（2022）色彩検定協会
- **『高齢者のためのユーザインタフェースデザイン』**
  ジェフ・ジョンソン、ケイト・フィン 著、榊原 直樹 翻訳（2019）近代科学社

- **『オンスクリーン タイポグラフィ 事例と論説から考えるウェブの文字表現』**
  伊藤庄平、佐藤好彦、守友彩子、桝田草一、カワセタケヒロ、ハマダナヲミ、きむみんよん、関口浩之、生明義秀（2021）ビー・エヌ・エヌ
- **『日本語スタイルガイド 第3版』**
  一般財団法人テクニカルコミュニケーター協会（2016）テクニカルコミュニケーター協会出版事業部
- **『読書バリアフリー 見つけよう！自分にあった読書のカタチ』**
  読書工房 編著（2023）国土社
- **『ノンデザイナーズ・デザインブック 第4版』**
  Robin Williams 著、吉川 典秀 訳（2016）マイナビ出版
- **『伝わるデザインの基本 よい資料を作るためのレイアウトのルール 増補改訂版』** 高橋 佑磨 、片山 なつ（2016）技術評論社
- **『Webアプリケーションアクセシビリティ 今日から始める現場からの改善』**
  伊原力也、小林大輔、桝田草一、山本伶（2023）技術評論社
- **『UIデザインの教科書［新版］マルチデバイス時代のインターフェース設計』**
  原田 秀司（2019）翔泳社

著者

間嶋 沙知（まじま・さち）

高知在住のフリーランスデザイナー。大学卒業後、桑沢デザイン研究所の夜間部に学ぶ。 東京 、高知のデザイン事務所を経て2016年に独立。高知市を拠点に県内外の企業、店舗、個人のサービスや商品に関わる印刷物やウェブのデザインを手がける。「個々の良さが発揮される風通しの良い世界」にデザインで貢献することを目指して活動中。こぶたのうたちゃんと暮らしている。

majima DESIGN https://mjmj.co/

レビュー協力

森田 雄（ツルカメ）、山本 和泉（izuizu）、別府 あかね（NEXT VISION）、河瀬 裕子、植木 真（インフォアクシア）、澤田 望（SAWADA STANDARD DESIGN）、ワタナベ マサヤス（studio FORZA）、良太郎さん、masa（MR,BRAIN）

本書の最新情報や関連リンクをまとめた特設サイトを公開しています。
本書と合わせて「困った！」の解決にお役立てください。
https://komatta-design.studio.site/

見えにくい、読みにくい
「困った！」を解決するデザイン【改訂版】

2022年11月30日　初版第1刷発行
2024年 9月24日　改訂版第1刷発行

著者　間嶋 沙知
発行者　角竹 輝紀
発行所　株式会社 マイナビ出版
〒101-0003 東京都千代田区一ツ橋2-6-3 一ツ橋ビル 2F
TEL: 0480-38-6872（注文専用ダイヤル）
TEL: 03-3556-2731（販売部）、TEL: 03-3556-2736（編集部）
編集部問い合わせ先: pc-books@mynavi.jp　URL: https://book.mynavi.jp
イラスト　玉利 樹貴
DTP　鷹野 雅弘（スイッチ）
担当　伊佐 知子
印刷・製本　シナノ印刷株式会社

ISBN:978-4-8399-8750-3